MM. G. Coupan ; de Meyenburg ; J. Elema ; C. L. Feilberg ; Giordano ; Gorjaoch-
ine ; Huyge ; M. Julien ; A. Lonay ; Nederlandsche Heidemaatschappij ;
J. Rezek

GÉNIE RURAL

RAPPORTS DE LA 4me SECTION

DU Xe CONGRÈS INTERNATIONAL D'AGRICULTURE DE GAND 1913

BRUXELLES

SECRÉTARIAT GÉNÉRAL DU Xe CONGRÈS INTERNATIONAL D'AGRICULTURE

22, Avenue des Germains, 22

1913

Xe Congrès International d'Agriculture

GAND 1913

Sous le Haut-Patronage de S. M. le Roi des Belges

Président du Comité organisateur :

Baron VAN DER BRUGGEN,
Ancien Ministre de l'Agriculture.

Président du Comité exécutif :

M. J. MAENHAUT,
Membre de la Chambre des Représentants.

Secrétaire Général :

P. DEVUYST,
Directeur général au Ministère de l'Agriculture.

BRUXELLES

Secrétariat Général du Xe Congrès International d'Agriculture

22, Rue des Germains, 22

—

1913

Xᵉ Congrès International d'Agriculture

— GAND 1913 —

4ᵐᵉ Section. — GÉNIE RURAL.

Comité organisateur de la Section.

Président :

M.

Gillain, P., président de la Société de mécanique et d'industries agricoles, avenue du Commerce, 149, Anvers.

Secrétaires :

MM.

Bouckaert, G., professeur à l'Institut agricole de l'Etat, à Gembloux ;

Gaspart, E., chef de division au Ministère de l'Agriculture et des Travaux publics, à Bruxelles.

Secrétaire-adjoint :

M.

André, O., ingénieur agricole, avenue des Arquebusiers, 59, à Bruxelles.

Membres :

MM.

Boël, Louis, ingénieur, place Rogier, 16, à Bruxelles.

Smeyers, directeur au Ministère des Colonies, à Bruxelles ;

Dierckx, Louis, commissaire d'arrondissement, à Anvers ;
Gillekens, G., professeur à l'Institut agricole de l'Etat, à Gembloux ;
Coppens, professeur à l'Institut agronomique de l'Université de Louvain ;
Lonay, A., inspecteur de l'enseignement agricole du Hainaut, à Mons ;
Maertens, directeur général au Ministère de l'Agriculture et des Travaux Publics, à Bruxelles ;
Miserez, inspecteur-adjoint au Ministère de l'Agriculture et des Travaux Publics, à Alost ;
Berger, à Enghien ;
Polet, professeur, à Ath ;
Neys, à Liége ;
Sigart, rue de Laeken, 73, à Bruxelles,
de Saint-Hubert, G., constructeur, à Orp-le-Grand ;
Persoons, constructeur, à Thildonck-Wespelaer.

TABLE DES MATIÈRES DES RAPPORTS

DE LA 4ᵉ SECTION

GÉNIE RURAL

PROGRAMME

Première question. — *Applications des forces mécaniques en Agriculture.*

Rapporteurs :

MM. Feilberg, ingénieur, Danemark;
Coupan, ingénieur agronome, répétiteur de génie rural à l'Institut agronomique de Paris;
de Meyenburg, M.-K., ingénieur, à Bâle.

Deuxième question. — *Défrichement.* — *Assainissement.* — *Irrigation. Hydrologie agricole.*

Rapporteurs :

MM. Elema, Rykslandbouwleeraar, in Assen — provincie Drenthe;
Directie der Heidemaatschappij, in Utrecht;

Troisième question. — *Dry-farming.*

M. Julien C., consul honoraire, à Paris.

Quatrième question. — *Méthodes mécaniques et méthodes diverses pour la réduction de la main-d'œuvre agricole.* — *Etudes comparées.*

Rapporteurs :

Rezek, professeur à l'Institut agronomique de Vienne;
Giordano, prof. au R. Instituto tecnico superiore, Milan;
Gorjatschkine, professeur à l'Institut agronomique, à Moscou;
Huyge, ingénieur agricole, assistant à la Station laitière, à Gembloux;
Lonay, inspecteur de l'enseignement agricole du Hainaut, à Mons;

Communication :

M. G. Coupan, à Paris.

Les rapports concernant le programme de la 4ᵉ section et qui n'ont pu être insérés dans ce volume seront résumés ou mentionnés dans les comptes rendus du Congrès. Volume VI.

Errata :

1° Dans la table ci-dessus, les rapports de MM. Rezek, Giordano et Gorjatschkine (4ᵉ question) doivent être renseignés à la suite du rapport de M. de Meyenburg (1ᵉ question).

2° Ajouter aux rapporteurs sur la 2ᵉ question : M. de Meyenburg.

L'emploi des moteurs à explosions dans l'agriculture danoise.

par **M. G. L. FEILBERG**

Ingénieur.

L'emploi des moteurs à explosions dans notre agriculture n'a pas encore été l'objet d'approfondissements systématiques, pas plus par la voie statistique que par d'autres voies, et c'est pourquoi on ne trouvera pas, dans la littérature, des renseignements très importants pour une étude plus approfondie de la question sus-mentionnée. Pourtant, on trouvera quelques instructions dans les rapports annuels de la surveillance des fabriques et du travail, dans un traité sur l'emploi des machines agricoles en Danemark, publié en 1907 par le Bureau statistique de l'Etat, de même que dans les rapports industriels publiés par la Société industrielle à Copenhague, dans une série d'œuvres assez importantes concernant le développement de l'agriculture, publiées par la Société royale d'agriculture danoise, et finalement (sur l'emploi des moteurs à explosions dans les usines d'électricité dans les campagnes) dans la revue de la société technique pour les années 1910-1912. Cependant, la plupart des quantités numériques qu'on trouvera plus bas, sont fournies plus directement par des renseignements dans les comices agricoles ou bien elles sont communiquées gracieusement par des consulteurs, ingénieurs, fabricants, assureurs et ainsi de suite et, en conséquence, on ne doit pas les considérer comme des indications absolument exactes, mais seulement comme des rapprochements aussi précis qu'il a été possible de se procurer dans les circonstances présentes.

L'emploi des moteurs à explosions, dans l'agriculture danoise, date environ de l'année 1890, où les commissionnaires en Danemark commencèrent à importer les moteurs à explosions, notamment de l'Angleterre et de l'Allemagne, et les offrirent sur le marché de machines agricoles. Les moteurs à pétrole de Tangy et de Hornsby et les moteurs de Groob à Leipzig furent parmi les premiers qui, à ce moment, furent demandés; mais, ce ne fut pourtant que vers la fin du siècle que les moteurs à explosions obtinrent quelque emploi pratique et commencèrent à vaincre cette méfiance avec laquelle les cultivateurs danois les regardaient au début, à juste titre peut-être. Le développement qu'obtinrent pendant les années suivantes les moteurs à explosions en Danemark, se montre de la manière la plus claire par la rapidité avec laquelle une industrie nationale de moteurs agricoles se développait, et, avec succès, commençait la concurrence avec les articles de fabrication étrangère. En 1895, la fabrique « Dan », à Copenhague, construisit les premiers moteurs à pétrole danois à quatre temps, avec tête d'allumage et injecteurs. En 1900, la fourniture des moteurs « Dan » à l'agriculture danoise était de quarante pièces, en même temps que d'autres ateliers de constructions de machines, parmi lesquels la Société anonyme Burmeister et Wain de Copenhague, avaient aussi adopté la fabrication des moteurs agricoles. Sans compter quelques petites industries locales, il existe en ce moment en Danemark environ vingt ateliers assez grands de constructions de machines, qui fabriquent des moteurs agricoles et qui, dans l'ensemble, pendant la dernière année écoulée, ont fourni à l'agriculture danoise environ 700 moteurs à explosions, la plupart d'une force variant entre 6 et 25 chevaux-vapeur.

La vente des moteurs à explosions étrangers, qui, au commencement, en Danemark, surpassait de beaucoup la vente des moteurs de fabrication danoise, est maintenant, quant aux moteurs agricoles, presque en décadence; et, dans l'année écoulée, c'est à peine si elle l'a surpassé du tiers dans le nombre total des machines.

*
* *

La statistique officielle en Danemark ne s'occupe pas encore de la question de l'emploi par l'agriculture des moteurs à explosions; mais, sur la base des renseignements qu'on a pu prendre par les voies différentes déjà citées, on peut actuellement évaluer le nombre total de ces machines à environ 6,000, avec force variant entre 6 et 30 chevaux. Le nombre total des propriétés territoriales grandes et petites en Danemark peut être évalué, en chiffre rond, à 280,000, parmi lesquelles 70,000 fermes environ ont des terres de plus de 5 hectares. De plus, si l'on considère qu'il est assez rare que des propriétés au-dessous de cette grandeur possèdent des moteurs à explosions, on pourra plus facilement préciser l'étendue de leur emploi dans notre agriculture, en disant que 990 environ des propriétés ayant plus de 5 hectares de terres possèdent leur propre moteur.

Parmi les grandes propriétés (avec des terres d'environ 150 hectares et plus), la majorité possède déjà ses propres moteurs qui, en ce qui concerne les établissements les plus nouveaux, sont généralement employés à la production de l'électricité, servant soit à l'éclairage des bâtiments de la ferme, soit comme force motrice pour les différentes machines employées à son exploitation. La force de ces moteurs est ordinairement de 25 à 50 chevaux-vapeur.

Cependant, il ne se trouve en Danemark qu'une minorité de propriétés de cette grandeur (environ 700); et c'est pourquoi, la grande majorité de moteurs à explosions se trouve dans les propriétés moyennes (avec des terres d'environ 25 à 75 hectares); et ici, ils sont installés le plus souvent comme moteurs fixes qui, au moyen de transmissions mécaniques, actionnent une petite machine à battre à cribleur, un moulin, un hache-paille, une pompe et éventuellement d'autres petites machines agricoles. Ordinairement, ces moteurs n'ont pas une force supérieure à 6 ou 12 chevaux-vapeur; et, quand on se les eut procurés, ils furent adaptés comme force motrice au manège à colliers ou au moteur à vent, comme aussi ils ont souvent été cause que la propriété en question s'est procuré sa propre machine à battre à cribleur.

*
*   *

Comme force motrice pour de grandes machines à battre ambulantes, possédées en commun, les moteurs à explosions ne sont pas encore très répandus en ce moment en Danemark, et il n'y a que peu d'endroits dans le pays où, dans ce domaine, ils font concurrence aux locomobiles à vapeur. Ce peu de développement ne signifie pas non plus que cet usage des moteurs à explosions ne jouera pas un rôle important à l'avenir, car la tendance est plutôt à ce que les petites propriétés se procurent des batteuses à cribleur qu'à l'organisation de plusieurs sociétés en participation avec de grandes batteuses. Pour élucider cette circonstance, il sera peut-être intéressant de mentionner que nos ateliers, pour la construction de machines, fournissent, actuellement et annuellement à l'agriculture danoise, environ 1,500 petites batteuses à cribleur.

* *

Quant à la construction des moteurs à explosions et au combustible qu'ils emploient, les moteurs à deux temps, qui brûlent de l'huile brute, sont près de battre le record comme machines ayant toutes les qualités requises pour l'agriculture dans ce pays. Avec la grande hausse des prix pour les combustibles liquides, pendant les dernières années, le moteur à benzine a maintenant presque complètement disparu de notre agriculture et, actuellement, on trouve presque aussi souvent soit : 1° les moteurs à pétrole ordinaire, où la matière combustible devient poudreuse avant d'être aspirée par le cylindre et où, le plus souvent, la machine a un allumage électrique et peut être mise en train avec la benzine comme combustible, soit 2° les moteurs dont le combustible, par la compression, est injecté dans le cylindre au moyen d'un injecteur. Presque tous ces moteurs fonctionnent par des huiles combustibles, huiles brutes ou huiles minérales plus lourdes. Sans doute les huiles minérales distillées, d'une densité d'environ 0.86 et d'un degré de flamme d'environ 95° sont les plus utilisées. Les moteurs à gaz, qui, en grande partie, étaient employés il y a quelques années dans la grande agriculture, sont maintenant presque partout remplacés par des moteurs à huile brute.

Quant à l'agriculture moyenne, il faut dire que les moteurs à deux temps sont déjà vainqueurs dans la concurrence avec

les moteurs à quatre temps. L'usure plus grande, à laquelle
les moteurs à deux temps sont naturellement soumis, ne
semble jouer aucun rôle dans leur usage dans notre agriculture, où le nombre des heures d'exploitations annuelles est
assez limité, et, en tout cas, cette usure ne compte pas comparée
à l'avantage que les moteurs à deux temps peuvent offrir au
cultivateur, par un prix d'achat meilleur marché, comme aussi,
selon que l'expérience semble le montrer, par un entretien
plus facile, vu qu'ils travaillent sans clapet dans la chambre
de compression. Les moteurs les plus employés, du type dernièrement nommé, sont plus ou moins des copies évidentes du
moteur à deux temps de Bolinder. Ils ont des cylindres verti-
caux avec tête d'allumage, dont la température se maintient
constamment par l'injection d'eau avec le gaz de combustion.
Ils travaillent avec un injecteur qui commence l'injection du
combustible sous le coup de la pression, généralement lorsqu'il
manque environ 100° à la manivelle pour avoir atteint le point
mort. La vitesse normale est entre 250 et 350 tours à la
minute.

Où il est question de machines plus grandes, de plus de
30 chevaux-vapeur (par exemple dans les grandes propriétés
et dans les petites usines d'électricité), les moteurs Diesel sont
fréquemment employés et la grande majorité de ceux-ci sont
des moteurs à quatre temps de la Société anonyme Burmeister
et Wain, à Copenhague. Pendant peu de temps, les moteurs
de Broon furent quelque peu employés; mais maintenant, on
les a encore tout à fait abandonnés. Jusqu'à ce moment, les
institutions d'expériences agricoles danoises n'ont pas été,
pécuniairement, assez bien situées pour pouvoir faire de très
grandes expériences comparatives de moteurs, et pour cette
raison, les agriculteurs en sont réduits, sur ce point, à chercher leurs renseignements dans d'autres institutions plus
grandes. La dernière grande expérience fut faite au mois de
juillet 1912, grâce à l'exposition scandinave de pêche et à
l'exposition internationale de moteurs à Copenhague, et les
résultats de cette expérience sont publiés dans les rapports de
l'exposition.

*
* *

On trouve un emploi spécial et assez étendu de moteurs à explosions pour notre agriculture dans les nombreuses petites usines d'électricité en participation qui ont, presque entièrement comme force motrice, des moteurs Diesel ou d'autres moteurs à combustion d'huile brute. Comme type de ces établissements, il faut citer de petites stations centrales situées dans les districts ruraux, avec des forces motrices entre 50 et 150 chevaux; elles fournissent une association d'environ cinquante propriétés moyennes et petites, avec un courant de 110 à 440 volts, pour l'éclairage et la force motrice. Actuellement, il se trouve dans le pays environ 250 petites usines d'électricité de ce genre au service de l'agriculture qui, naturellement, selon les circonstances locales, peuvent s'écarter plus ou moins du type décrit, et elles sont plus rapprochées sur les terres plus fertiles, dans le Jutland oriental et sur les îles. L'administration des fabriques et des machines indique que le nombre total des électromoteurs au service de l'agriculture danoise surpasse déjà le nombre de moteurs à explosions et, en outre, on peut compter, selon toute probabilité, qu'environ 4,000 électromoteurs, principalement entre 5 et 10 chevaux, reçoivent leur courant des centraux ruraux du type ci-dessus mentionné.

En prenant en considération convenable les intérêts et les amortissements du capital, il est généralement possible, pour ces usines rurales d'électricité, de livrer aux consommateurs un courant au prix d'environ 40 ore (environ 55 c/m.) l'heure, le kilo-watt pour l'éclairage et, en ce qui concerne la force motrice, au prix d'environ 30 ore (environ 41 c/m.) l'heure, le kilo-watt. Ainsi, la force revient à un prix sensiblement plus élevé qu'aux cas où l'agriculture moyenne se sert de ses propres moteurs à explosions ; mais, les grands avantages pratiques que l'électricité offre sont si tentants, que l'adhésion aux usines d'électricité et la construction de nouvelles usines, spécialement dans les contrées fertiles, font de grands progrès constants.

Quant aux petites propriétés, l'avantage de s'associer à une usine d'électricité sera souvent relativement plus grand, puisque leur consommation annuelle de courant électrique n'est pas importante, de sorte que la circonstance que l'acquisition et le montage d'un électromoteur sont assez bon marché est d'une importance décisive et devient simplement la condition de possibilité d'établir la force motrice dans l'agriculture en question. On constate aussi que, dans la pratique, les électromoteurs progressent autrement que les moteurs à explosions, même dans les très petites exploitations agricoles et, par cela, ils correspondent d'une manière avantageuse à tout le développement de notre époque. C'est assurément un des plus beaux côtés de notre agriculture que l'enseignement et les progrès pénètrent d'une manière spéciale au fond de toutes les classes des populations de la campagne, même jusqu'aux petits propriétaires intéressés et, quant à l'emploi des machines, on observe aussi, avec satisfaction, l'énergie que les petits cultivateurs montrent pour se mettre au niveau du développement. Le concours que l'électricité offre sous ce rapport, en rendant possible une utilisation commune assez étendue de moteurs Diesel, doit attirer la plus grande attention et, actuellement, le développement semble indiquer, qu'à l'avenir, l'utilisation des électromoteurs sera pour le moins aussi importante que l'utilisation directe de petits moteurs à explosions.

Actuellement, il ne se trouve en Danemark qu'un petit nombre (environ 10) d'usines d'électricité rurales à haute tension, en état de distribuer la force dans un rayon assez étendu; mais, les technologues sont disposés à regretter qu'on n'a pas su apprécier plus les avantages que de tels établissements semblent offrir sous le rapport économique.

*
* *

Ce qui précède sera brièvement résumé dans les points principaux suivants :

L'emploi des moteurs à explosions, dans l'agriculture danoise, est continuellement en grande progression; et les moteurs à deux temps à huile brute sont actuellement préféŕ comme les meilleurs; de même, qu'à présent, les machines provenant de l'industrie intérieure sont préférées aux moteurs importés de l'étranger.

Quant aux grandes propriétés territoriales, le développement incline vers l'établissement d'usines d'électricité privées ayant comme force motrice des moteurs Diesel ou d'autres moteurs consommant de l'huile brute.

En ce qui concerne les propriétés de moyenne importance, le développement se fait dans différentes directions : soit qu'on se procure des moteurs à explosions, qui, étant généralement installés d'une manière fixe, mettent en mouvement, par des transmissions mécaniques, les différentes machines de la ferme, soit que plusieurs cultivateurs s'associent pour former des sociétés électriques en participation pour l'utilisation commune d'une assez grande force motrice de moteurs Diesel.

Les petites exploitations agricoles ont rarement le moyen de se procurer des moteurs à explosions, mais elles voient souvent leur avantage à s'associer aux Sociétés d'électricité et elles se procurent alors de petits électromoteurs transportables.

Il semble que cette utilisation de grands moteurs à explosions, comme force motrice pour des usines d'électricité en participation, ait un grand avenir dans l'agriculture danoise.

Les dernières expériences de culture mécanique en France

par M. G. COUPAN

Ingénieur agronome
Chef des travaux de Génie rural à l'Institut national agronomique

De nombreuses expériences de « culture mécanique » ont eu lieu, depuis plusieurs années, dans les divers pays. Je me propose de discuter et de comparer, autant qu'une comparaison puisse être faite en semblable matière, les résultats qui ont été obtenus pendant les derniers concours français, en 1911 et en 1912.

Les concours auxquels je ferai allusion sont : celui de Roubaix en 1911, ceux de Creil, Chaumont-en-Vexin, Bourges, Sétif et Maison-Carrée en 1912. Je rappellerai d'ailleurs que ce mot de concours ne doit pas être pris dans son acception absolue, mais avec la signification habituelle de solennité agricole, car on n'y a fait que des expériences contrôlées, sans chercher à classer, les unes par rapport aux autres, des machines trop dissemblables, en général, pour pouvoir être comparées. Les essais de Bourges ont réuni un nombre de participants véritablement extraordinaire, étant donné l'état actuel de la culture mécanique. Ceux de Maison-Carrée et de Sétif, très consciencieusement organisés par notre camarade M. Marmu, professeur de génie rural à l'Ecole d'agriculture algérienne de Maison-Carrée, ont duré dix heures et ont fourni une foule de constatations intéressantes que le manque d'appareils scientifiques et la brièveté des expériences habituelles ne permettent pas d'obtenir.

La plus grosse difficulté que nous éprouvions pour traduire, en langage clair, les constatations faites pendant les expériences, provient de ce que la terre est un élément si variable, qu'il nous est impossible de déterminer ce qu'on pourrait appeler le *coefficient d'ameublissement* du sol. Aucune des propriétés physiques ou mécaniques de la terre n'est, en effet, constante et, seule, la densité nous fournit, jusqu'à présent du moins, une indication de quelque valeur. Encore nos connaissances se bornent-elles à constater une augmentation sensible de résistance au passage des instruments de culture, lorsque cette densité croît, sans que ces variations correspondantes semblent être fonction l'une de l'autre, au sens mathématique du mot, c'est-à-dire sans que nous puissions traduire le phénomène par une équation, même avec des coefficients déterminés pratiquement, comme on le fait pour la résistance des matériaux, l'hydraulique et les autres branches de l'art de l'ingénieur.

Aussi, le seul procédé figuratif que j'aie pu employer consiste à rapporter les résultats constatés, au volume de terre ameubli par unité de volume ou de poids de combustible dépensé. Si cette méthode offre l'inconvénient de faire intervenir en bloc tous les éléments mis en œuvre, charrue et frottement des câbles, s'il y a lieu, transmissions, moteur, carburateur et même magnéto, elle présente, par contre, l'avantage de tenir compte à la fois des surfaces labourées et des profondeurs atteintes; ce dernier point est intéressant si ces profondeurs ne dépassent pas celles qui ont été réalisées antérieurement aux essais dans le terrain d'expérience, car, si certaines machines attaquent le sous-sol vierge, tandis que les autres ne fonctionnent que dans la couche habituellement labourée, les résultats ne sont plus comparables. Mais, à ces restrictions près, en indiquant aussi exactement que possible la nature du terrain, en caractérisant, si faire se peut, celle-ci par la densité du sol, on obtient un chiffre qui, comme l'on dit vulgairement, parle mieux aux yeux que l'inscription pure et simple de la consommation relative à une surface et à une profondeur données.

Dans ce qui va suivre, j'indiquerai ces ameublissements spécifiques, en les rapportant *au litre* pour les combustibles liquides, et *à la tonne* pour le charbon. Il serait plus logique, évidemment, de les rapporter à la même unité de chaleur de combustion, 1,000, 10,000 ou 100,000 calories, mais ce calcul, qui se réduirait à une simple règle de trois pour les combustibles liquides dont la composition est à peu près constante, exigerait pour les charbons, qui sont beaucoup plus variables, des déterminations calorifiques qui n'ont pas été faites au cours des essais dont nous possédons les résultats, et que seuls, des chimistes expérimentés peuvent faire. C'est pourquoi, je me suis borné à employer les unités correspondant aux procédés de vente les plus habituels des combustibles employés : le litre pour les liquides, la tonne pour le charbon. Les conditions dans lesquelles on adoptera, soit des matériels à vapeur, soit des machines commandées par des moteurs à explosions, sont d'ailleurs assez différentes pour qu'il n'y ait pas lieu de chercher à établir de comparaisons absolues, en ce moment du moins, entre ces divers engins de culture.

J'examinerai tout d'abord ce qui concerne les *machines à vapeur*. Les essais de 1912 n'ont porté que sur les tracteurs directs, c'est-à-dire sur des locomotives routières se déplaçant dans les champs, en remorquant des charrues, comme le font les attelages habituels, à la puissance motrice près. Le tracteur américain Case a fonctionné à Bourges, le premier jour, dans une terre argilo-calcaire, caillouteuse, assez facile et dans un état très favorable; le deuxième jour, le sol, de même nature, mais plus profond, avait été détrempé par une forte pluie survenue pendant la nuit précédente. A Sétif, il a rencontré un sol fort, plastique, collant au versoir et offrant à la charrue une résistance assez élevée; à Maison-Carrée, la terre, dure et résistante, avait porté un fourrage et n'avait pas été labourée depuis deux ans. Quant au puissant tracteur anglais Mac-Laren, il n'a travaillé qu'à Maison-Carrée, dans un sol particulièrement dur et résistant, sortant également d'un fourrage et dont une partie n'avait pas été labourée depuis de nombreuses années; aucun autre appareil n'a été aventuré dans cette pièce. Le tableau I donne les résultats de ces essais.

Tableau I. — *Tracteurs directs à vapeur.*

Tracteurs	LIEU de l'essai	Durée de l'essai	Surface labourée	Profondeur moyen^{ne}	Consommations			Volume de terre ameubli par tonne de charbon	Nature de la terre
					Huile	Eau	Charbon		
		h.	hect.	mètres	lit.	lit.	kil.	m. c.	
	Bourges :								
Cie Case	1^r jour	3.35	1 81	0.16	—	2900	430	6 700	Argilo - calcaire, facile
	2e jour	2.40	1.64	0.163	—	2180	300	8 900	Id., très humide
	Sétif	7.45	3.35	0.15	10	9050	1071	4 690	Forte, collante
	Maison-Carrée	10 —	3.44	0.15	11	7180	970	5 300	Dure, résistante
Mac-Laren	Maison-Carrée	10 —	5.93	0.145	10	4450	720	11 950	Extrêmement dure

Le rapport de Bourges n'indique pas si, dans le chiffre donnant la consommation en charbon, il a été tenu compte ou non du combustible dépensé pour la mise en pression de la chaudière. Il semble cependant qu'on n'ait envisagé que la consommation pendant l'essai. Les différences qu'on constate, dans l'avant-dernière colonne du tableau I, doivent d'ailleurs plutôt tenir à la charrue qu'au tracteur. Enfin, bien que beaucoup plus lourde (14 t.) que le tracteur Case (9 t. 5), la machine Mac-Laren s'est révélée beaucoup plus avantageuse, puisque, malgré une dureté extrême du sol, elle a ameubli un volume de terre deux fois plus grand, pour la même dépense en combustible. Cela doit tenir non seulement à une construction plus soignée, mais aussi à la double expansion, enfin et surtout, à l'emploi d'un surchauffeur, qui serait d'ailleurs plus avantageux s'il était placé dans le foyer au lieu de l'être dans la boîte à fumée.

Nous n'avons pas de chiffres provenant d'essais contrôlés relatifs aux treuils à vapeur. Je reproduirai toutefois ici les renseignements que m'a obligeamment fournis un important agriculteur de l'Oise, M. L. Boisseau, qui dirige la belle exploitation de Chantemerle entre Dammartin et Le Plessis-Belleville. Il s'agit du matériel Fowler, à deux locomotives-treuils pouvant développer jusqu'à 180 chevaux. Dans un limon argileux franc, assaini par le drainage, la charrue balance à quatre corps, labourant à 0^m30 de profondeur et fouillant en outre à 0^m12, parcourt 120 mètres par minute et, en travail courant, a un débit de 5 hectares, au moins, par jour. Les deux locomotives consomment, ensemble, 350 kilogrammes de charbon, environ, par jour. D'autre part, la société de 18 cultivateurs dont fait partie M. Boisseau, fait les travaux au prix suivants :

Labour profond (0^m30) et fouillage à 0^m10 fr.   80 par hect.
Labour profond simple (0^m30) . . . . .   »   70   »   »
Labour léger (0^m10 à 0^m15) . . . .   »   45   »   »

l'intéressé devant fournir, en outre, le charbon et l'eau d'alimentation.

Or, le charbon revient à 42 francs la tonne, à la ferme, plus 2 francs environ pour le transport de la ferme à la pièce. Cela représente donc fr. 15.50 de combustible par jour. Pour l'eau, il faut deux attelages coûtant chacun 15 francs. Si donc nous estimons à 5 hectares la surface travaillée par jour, le prix de revient par hectare est :

Labourage et fouillage . . . . fr.   80.00
Charbon . . . . »   3.10
Eau. . . . . »   6.00
                                       ———————
                    Total. . fr.   89.10

En admettant, ce qui est évidemment inexact et sans autre valeur que celle d'une simple indication, que ce travail correspond à un labourage à 0^m40, le volume de terre ameubli par tonne de combustible serait de 57,000 mètres cubes.

Le personnel nécessaire pour faire fonctionner les matériels Fowler se compose de 5 hommes : deux mécaniciens, un conducteur et deux aides pour la charrue; un sixième employé confectionne la popote, entretient et surveille la roulotte où couchent tous ces ouvriers.

Le rapport sur les essais de Sétif et de Maison-Carrée indique des frais journaliers bien inférieurs même au prix de 45 francs par hectare auquel est coté, indépendamment de la fourniture du charbon et de l'eau, le travail de même intensité par la Société de labourage à vapeur de Plessis-Belleville; ainsi, ces frais sont de 30 francs par hectare pour le tracteur Case, à Sétif, de fr. 22.50 pour le même tracteur et de fr. 11.25 pour la routière Mac-Laren à Maison-Carrée. Mais M. Marmu a le soin de faire remarquer qu'il n'a pas tenu compte de l'intérêt et de l'amortissement, ni de l'entretien et de la réparation du matériel, éléments qu'il lui était impossible d'évaluer dans un essai de 10 heures. Etant donné le prix élevé des matériels à vapeur, il y a là de quoi augmenter très sensiblement les frais journaliers, tandis que tout est compris dans le tarif fixé par la société, et que les actionnaires bénéficient non seulement des dividendes, mais encore d'une ristourne de 10 % sur le tarif, qui n'est perçu intégralement que pour les agriculteurs qui utilisent le matériel sans faire partie de la société.

Considérons maintenant ce qui a trait *aux machines commandées par des moteurs à explosions*, utilisant du pétrole, du benzol ou de l'essence.

Je rassemblerai dans une première catégorie les tracteurs directs; on a vu, en effet, fonctionner plusieurs de ces machines dans les Concours de Roubaix (1911), Creil, Chaumont-en-Vexin, Bourges, Sétif et Maison-Carrée (1912). — Je distinguerai, toutefois, le tracteur léger de M. E. Lefebvre des tracteurs lourds (Mogol, Titan, Avery) dont l'adhérence au sol provient uniquement du poids, toujours assez considérable, de la machine. Les résultats sont consignés dans le tableau n° 2.

Tableau II . — *Tracteurs directs avec moteurs à explosions.*

TRACTEURS	POIDS	LIEU DE L'ESSAI		DURÉE de l'essai	SURFACE labourée	Profondeur moyenne	CONSOMMATION		Volume de terre ameubli par litre de comb.	NATURE DE LA TERRE
							Huile	Combustible		
				H.	HA.	M.	L.	L.	MC.	
CIMA type Mogol 25 chevaux	7,600 kg.	Roubaix	1er jour	»	1.85	0.13	»	55.5	43.3	En chaume, très sèche, très dure.
			2e jour	»	0.97	0.20	»	61.3	31.7	Déchaumée.
		Creil		1.22	0.53	0.15	»	21.7	38	Limon léger peu profond.
		Chaumont-en-[Vexin		4.15	1.14	0.18	»	80	25.7	Argile à silex.compacte, humide.
		Bourges	1er jour	5.34	1.50	0.135	»	53	38.2	Argilo-calcaire, facile, plus profond, très humide.
			2e jour	3.12	1.01	0.163	»	65	25.3	
CIMA type. Titan 45 chevaux	9,442 kg.	Sétif		10	3.02	0.165	8.33	209	23.8	Forte, plastique, collante.
		Maison-Carrée		10	2.89	0.15	7.5	189	26.6	Dure, résistante.
Avery	5,200 kg.	Sétif		10	3.19	0.17	5.25	120	45.2	Forte, plastique, collante.
		Maison-Carrée		10	1.96	0.15	8.6	109.5	26.8	Dure, résistante.
Lefebvre	2,600 kg.	Roubaix	1er jour	»	0.53	0.16	»	41	38.8	En chaume. très sèche, très dure, déchaumée.
			2e jour	»	0.49	0.19	»	50.5	37.5	
		Creil		1.55	0.42	0.189	»	17.5	45.2	Limon léger, peu profond.
		Bourges	1er jour	4.57	1.61	0.18	»	47.6	60.9	Argilo-calcaire, facile, plus profoud, très humide.
			2e jour	4.35	0.96	0.21	»	44.5	45.3	

LOURDS

LÉGERS

Sauf en ce qui concerne le tracteur Avery, qui, probablement, par suite d'un défaut de réglage, s'est montré, à Maison-Carrée, inférieur à ce qu'il avait été à Sétif, bien que les conditions semblent avoir été plus favorables au premier endroit, ces divers essais sont assez concordants et les différences constatées peuvent être expliquées sans trop de difficultés.

Ainsi, pour le tracteur Cima de 25 chevaux, nous voyons le meilleur résultat obtenu à Roubaix, le premier jour, en travail superficiel, sur une terre que la sécheresse a rendue résistante et où l'appareil roule, par conséquent, bien. Le deuxième jour, quoique le sol soit le même, le déchaumage a augmenté la résistance au roulement. A Creil et à Bourges (premier jour), le terrain était suffisamment bon pour que la machine n'enfonce pas sensiblement, et n'offrait pas une grande résistance à la charrue : aussi les résultats sont-ils identiques. A Chaumont-en-Vexin et à Bourges, le deuxième jour, le tracteur peine beaucoup, soit par suite de la résistance de l'argile à silex (Chaumont), soit en raison de l'humidité excessive qui a détrempé le sol, l'a rendu mou et a augmenté beaucoup la résistance au roulement (Bourges). Quant au type « Titan » de 45 chevaux, nous ne pouvons l'apprécier, puisque nous n'avons aucun chiffre relatif à des terres dans lesquelles le « Mogol » ait fonctionné; il est toutefois vraisemblable que ces deux machines aient à peu près la même valeur.

En ce qui concerne le tracteur léger de M. E. Lefebvre, le résultat trouvé à Bourges, le premier jour, paraît un peu élevé : je dois toutefois à la vérité de reconnaître qu'à la suite de mes essais de Creil, M. Lefebvre m'a signalé qu'en démontant son moteur, il avait constaté que les segments étaient très usés et que l'appareil n'avait pas dû développer toute la puissance correspondant à la consommation trouvée. À cela près, du reste, les chiffres sont concordants : à Roubaix, pendant les deux journées d'expériences, la dureté du sol a dû gêner beaucoup l'enfoncement normal des palettes d'adhérence; le résultat favorable de Bourges (deuxième jour) s'explique aussi par le faible poids du tracteur, grâce auquel l'humidité et la mollesse du sol n'ont pas rendu la résistance au roulement très considérable.

Il y a, malheureusement, moins de concordance concernant les deux seules machines à câble qui aient pris part aux essais, c'est-à-dire le tracteur-treuil de M. Bajac et le tracteur-toueur de M. G. Filtz. Ces appareils n'ont d'ailleurs pas figuré dans tous les Concours : en outre, celui de M. Bajac a subi, à Chaumont-en- Vexin, une avarie qui ne lui a plus permis de fonctionner comme treuil; aussi, après avoir démontré au public que sa machine était capable d'exécuter un labour sérieux en remorquant une forte charrue à la façon des tracteurs directs, ce constructeur a-t-il renoncé à participer à des essais de consommation où il se trouvait dans des conditions manifestement trop défavorables. Le tableau 3 indique les résultats relatifs à ces deux machines.

Tableau III. — *Tracteurs-treuils et tracteurs-toureurs.*

MACHINES	Poids	Lieu de l'essai	Durée de l'essai	Surface labourée	Profondeur moyenne	Consommation en combustible	Volume ameubli par litre de combustible	Nature de la terre
	k.		.h.	ha.	m.	l.	m. c.	
Tracteur treuil		Creil	1.08	0.26	0.23	11.5	67.4	Limon léger, peu profond.
Bajac	4,000	Bourges 1er jour	5.36	1.48	0.146	52.8	40.9	Argilo-ca'caire facile.
		2e jour	3.55	0.91	0.147	35.9	37.2	Dito plus profond très humide.
Tracteur toueur		Chaumont-en-Vexin	7.	2.27	0.21	42.9	52.6	Argile à silex, compacte, humide.
« Arion » (G. Filtz)	1,500	Bourges 1er jour	4.42	0.48	0.122	20.3	28.8	Argilo calcaire très caillouteux.
		2e jour	4.47	0.81	0.164	28.4	46.8	Argilo-calcaire, assez profond, très humide.

Bien que plusieurs constructeurs se soient plaints de la mauvaise qualité des combustibles, et notamment du Benzol trouvé à Bourges, il est difficile d'interpréter les résultats très faibles constatés à cet endroit pour les machines Bajac et Filtz. Ainsi, cette dernière, qui s'est bien comportée dans l'argile à silex, pourtant très résistante, de Chaumont-en-Vexin, a ameubli à Bourges, le premier jour, un volume de terre dont la petitesse ne peut pas provenir exclusivement de la proportion plus élevée de cailloux calcaires contenus dans la parcelle que le sort lui avait attribuée; malgré cette condition assez défavorable, le chiffre trouvé devrait être supérieur à celui qu'ont fourni les essais de Chaumont-en-Vexin, tandis qu'il lui est presque de moitié inférieur. Tout en étant meilleur, le résultat du deuxième jour de travail à Bourges est encore insuffisant, étant donnés le principe même de l'appareil et son extrême légèreté.

En ce qui concerne le tracteur-treuil Bajac, la discussion conduit à des conclusions analogues. Le chiffre unitaire de 67 m. c. 4 trouvé par moi à Creil est déjà faible, si on le compare à celui qui résulte d'expériences antérieures, qui ont fourni de 70 à 75 m. c. dans des sols plus difficiles, mais la raison en apparaît assez clairement : une énorme pierre avait, en s'arrachant du sous-sol, faussé l'un des corps de la charrue-balance remorquée par le treuil et cette charrue, qui n'a plus pu, par la suite, labourer à la même profondeur dans les deux sens, n'était plus dans de bonnes conditions de fonctionnement. Il ne s'est passé rien de tel à Bourges, et pourtant les volumes ameublis unitaires correspondant à la première et à la deuxième journée d'expérience sont, ici encore, d'une faiblesse qui étonne.

Bien que j'aie assisté à tous les essais de Bourges, je n'ai pu arriver à découvrir les causes de ces anomalies; je dois donc me borner à les constater. Ces expériences, malgré le soin avec lequel elles ont été conduites, n'ont pas réussi à mettre en lumière la valeur réelle des machines à câbles, au point de vue de leur consommation spécifique.

Il ne nous reste plus à examiner qu'une catégorie d'appareils pour la culture mécanique; c'est celle qu'on a désignée parfois sous le nom de Machines à outils commandés. Nous y trouvons les laboureuses à disques de M. Landrin et les piocheuses de Meyenburg et Vermond-Quellennec. Je résumerai, comme précédemment, les résultats des expériences sous forme de tableau (V. Tableau IV).

Tableau IV. — *Machines automobiles à pièces travaillantes animées de mouvements propres.*

	MACHINES	Poids	Lieu de l'essai	Durée de l'essai	Surface travaillée	Profondeur moyenne	Consommation en huile et combustible		Volume ameubli par litre de com bustible	NATURE DE LA TERRE
		k.		h.	h.	m.	l.	l.	m.	
LABOUREUSES A DISQUES.	Landrin (ancien type à un seul jeu de disques) (24 chevaux)	2,600	Sétif	10	1.03	0,13	12	87	15.4	Forte, plastique, collante, trop dure pour cette machine.
			Maison-Carrée	10	1,29	0.17	10	68	32.3	Chaume d'avoine relativement facile.
	Landrin (nouveau type à 2 jeux de disques) (40 chevaux)	5,000	Creil	1.25	0.37	0.18	»	24.7	27.2	Limon léger, peu profond.
PIOCHEUSES ROTATIVES.	Société française de mooculture, licence de Meyenburg.	1,950	Bourges 1er jour	3.45	0.42	0.10	»	47.0	8.9	Argilo - calcaire facile.
	Vermond-Quellennec.		Bourges 1er jour	5.13	0.76	0,132	»	61 5	16.3	Id.

La machine Landrin apparaît donc comme propre, surtout, à travailler les sols légers et peu durs. Ses disques sont montés, d'ailleurs, comme ceux des pulvériseurs américains à disques et non pas comme ceux des charrues : aussi le rapport de M. Marmu mentionne-t-il qu'à Sétif la terre a été pulvérisée, sans être retournée; le travail a été, au contraire, régulier dans les chaumes d'avoine relativement faciles de Maison-Carrée.

Pour les piocheuses de Meyenburg et Vermond-Quellennec, les chiffres de Bourges n'ont aucune signification; ces deux machines ont, en effet, subi des pannes ou des avaries qui ont faussé les résultats. Ainsi, les bougies d'allumage de la

Meyenburg ayant cessé de fonctionner, et les bougies françaises achetées à Bourges pour les remplacer ne pouvant pas être vissées sur le moteur d'origine américaine dont l'appareil est muni, un seul des trois cylindres de ce moteur a fonctionné d'une manière continue, ce qui n'empêchait pas les deux autres d'aspirer du mélange tonnant sans résultat utile. De même, pour la machine Vermond-Quellennec, dont le réservoir s'étant mis à fuir, la consommation indiquée est exagérée.

Il faut, d'ailleurs, s'attendre à trouver, pour ces deux appareils et pour les machines analogues, une consommation sensiblement plus élevée que pour les tracteurs et les treuils qui utilisent des charrues ou autres instruments de culture habituels. Mais l'effet sur la terre n'a aucune analogie avec celui qui résulte du passage des charrues, des scarificateurs ou des herses; plus exactement, ces machines rotatives sont destinées, dans l'esprit de leurs inventeurs, à remplacer tous les instruments habituels et à faire en une seule fois, en le perfectionnant même, ce que ceux-ci font successivement. Il est évident que si cette prétention est justifiée, on peut consentir une très notable augmentation du prix de revient de l'ameublissement spécifique du sol; mais ce sont alors des expériences d'ordre plutôt cultural que mécanique, qu'il faut entreprendre et qu'on poursuit, d'ailleurs, actuellement. En tout cas, je puis déjà affirmer que, dans des conditions pourtant beaucoup moins favorables qu'à Bourges, dans des sols très argileux, très humides, en plein cœur de décembre, les machines de Meyenburg et Vermond-Quellennec se sont montrées, lors de recherches faites spécialement par moi à leur sujet, bien supérieures à ce qu'elles ont été dans les terres du Berry.

En résumé, ces différents essais n'ont donné des résultats suffisamment concordants qu'à propos des tracteurs directs. Cela prouve qu'il est extrêmement difficile d'éliminer toutes les causes d'erreur, probables ou imprévues, qui peuvent troubler les expériences. On n'arrivera, je crois, à de bons résultats que si l'on dispose de plus de superficie et de plus de temps qu'on n'en a eu jusqu'à présent, même en Algérie, ainsi que d'un personnel exercé à ce genre d'opérations. Il est

indispensable que les constatations soient faites en dehors du
public, devant une Commission restreinte et autant que possible par les mêmes personnes; cela n'empêche pas, bien entendu, de consacrer une ou deux journées à des démonstrations générales et populaires permettant à la foule de constater les progrès accomplis, mais il ne faut pas procéder à des
mesures quand le champ d'expériences est envahi. A ces restrictions près, ces essais peuvent donner des résultats inté-
ressants, sinon absolus, du moins comparatifs, et il n'y a
aucun inconvénient à les continuer si l'on peut donner aux
constructeurs qui y prendront part toutes les garanties nécessaires.

COMMUNICATION

Note de **M. G. COUPAN**.

*Expériences sur une machine à battre
actionnée par l'électricité.*

J'ai procédé le lundi 11 décembre 1911, à Rantigny (Oise),
à plusieurs expériences sur une machine à battre commandée
électriquement. La batteuse était un spécimen à double nettoyage du « type K », tout nouvellement construit par la
Société Anonyme des Anciens Etablissements Albaret. Elle
était conduite par une dynamo réceptrice placée sur une plate-
forme soutenue par le petit panneau arrière de la machine à
battre : cette dynamo, reliée à la poulie du batteur par une
courroie tendue au moyen d'un galet à contrepoids, provenait
des Ateliers de Saint-Ouen, fonctionnait sous 240 volts et
pouvait développer 5 chevaux environ.

Les mesures ont été faites avec un wattmètre système
J. Richard de 100 volts et 50 ampères, avec résistance addi-
tionnelle de 140 volts montés en série sur le circuit de vol-
tage. Cet appareil enregistreur avait été vérifié et reconnu
exact à moins d'un demi-hectowatt près.

En travail, la machine a battu 100 gerbes d'avoine en
33 minutes 38 secondes; ce débit correspond à 178 gerbes par
heure, en admettant que les ouvriers puissent s'abstenir de
tout repos.

Mais si on déduit les arrêts indispensables et si on estime à
50 minutes la durée effective du travail par heure, on constate que le nombre de gerbes battues pendant ce temps est de
148.7, soit 1,487 gerbes par journée de 10 heures, ou environ
1,500 gerbes réellement battues. Ces gerbes pesaient, en
moyenne, 6 k. 366. Le poids de grain recueilli a été de
222 kilos pour les 100 gerbes.

Voici les principales constatations faites pendant l'essai en travail :

Vitesses du batteur.	Travail électrique par seconde.	Chevaux-vapeurs correspondants.
846 tours par minute	2,150 watts	2.33
922 » » »	2,200 »	2.39
930 » » »	2,300 »	2.50
937 » » »	2,400 »	2.61
932 » » »	2,350 »	2.55
939 » » »	2,500 »	2.71

J'ai essayé également la machine à vide, complète, c'est-à-dire le batteur, les secoueurs, les ventilateurs et élévateurs, les deux tarares fonctionnant simultanément, mais sans aucun accessoire (engreneur, lieur, aspirateur de poussières ou de bales, etc...); puis j'ai fait enlever successivement les courroies commandant les divers organes ou groupes d'organes, afin de me rendre compte des puissances nécessaires pour mettre chacun d'eux en mouvement.

Les résultats de ces expériences sont indiqués ci-dessous :

	Vitesses du batteur (tours par minute).	Travail électrique par seconde. watts.	Chevaux vapeur correspondants.
(A) Batteuse complète	909	1,800	1.96
» »	922	1,843	2.00
» »	955	1,950	2.12
(B) Secoueurs enlevés	954	1,900	2.09
(C) Secoueurs, ventilateurs et élévateurs enlevés	950	1,550	1.68
(D) Secoueurs, ventilateurs et tarares enlevés (batteur seul) . .	964	1,150	1.25

Entre 950 et 964 tours par minute (batteur), les différentes pièces absorbent donc les puissances suivantes :

	Puissance absorbée en chevaux.	P. c. de la puissance totale.
Secoueurs	0.03	1.42
Ventilateurs et élévateur . .	0.41	19.34
Trémies ou tarares	0.43	20.28
Batteur	1.25	58.96
	2.12	100.00

En admettant que l'électro-moteur, la courroie et le tendeur aient ensemble un rendement de 80 p. c., on voit que la batteuse Albaret, type K, absorbe 2.39 chevaux en travail et 2.00 à vide.

Si on se reporte aux essais effectués par moi à Chambly en 1907, on voit que pour des débits et des récoltes très peu différents, les rapports pour cent entre les puissances absorbées en travail et à vide sont :

	Essais de Chambly	Batteuse «Albaret» type K.
Egrenage et nettoyage . . .	19.9	16.3
Mécanisme à vide	80.1	83.7
	100.0	100.0

La batteuse Albaret (type K) est à double nettoyage et comprend, par conséquent, une trémie, un ventilateur et un élévateur de plus que la machine essayée à Chambly, qui était à simple nettoyage.

Une autre batteuse à double nettoyage de débit analogue à celui du type K Albaret, de très bonne construction, mais ayant des axes plus nombreux, avait donné :

Egrenage et nettoyage	14.9
Mécanisme à vide	85.1
	100.0

Ces expériences confirment donc le fait déjà bien connu que l'égrenage, le nettoyage, etc., ne représentent qu'une faible partie de la résistance totale opposée par une batteuse.

Les constructeurs doivent donc apporter tous leurs soins à diminuer les résistances passives; il y a intérêt à rassembler sur le même axe le plus possible d'organes analogues (ventilateurs, projecteurs, etc.).

La motoculture
par tracteurs ou machines rotatives.

M. K. de MEYENBURG

L'application des forces motrices au besoin des hommes se répand selon certaines lois générales intéressant aussi ceux qui cherchent à prévoir son évolution dans le domaine de la culture des champs qu'on a appelé *la motoculture*.

Le moteur à explosion non rotatif qu'est le canon a groupé les hommes dans *les villes*, ces grosses centrales de défense et de gouvernement qui depuis sont devenues des centrales de production et de distribution.

Avant le canon, presque tout le travail de la nation se faisait par des paysans disséminés à travers le pays, cohabitant avec leurs aminaux-moteurs et produisant chacun pour soi presque tout ce dont il avait besoin (maison, habit, nourriture) avec les produits de leur terre, *leurs moteurs nés sur les lieux* étant adaptés depuis un temps infini par son estomac et par ses pieds à la terre des champs. Les villes développaient les manufactures, ces premiers centres de travail subdivisé et organisé, qui rendaient possibles l'installation et la distribution dans un bâtiment des premières forces motrices, mais moyennant des machines de dimensions, poids et prix très élevés. *La marchandise allait nécessairement à la force*, les hommes de même.

La force hydraulique, la seule force considérable, un peu régulière, du moyen âge, étant bientôt épuisée dans les villes, le succès des filatures obligea bientôt l'industrie textile de s'établir tout près de son moteur. On se plaça donc le long des cours d'eau de l'Ecosse et on y créa la grande fabrique textile, symbole d'un siècle d'industrie anglaise.

C'était le travail concentré *sur des points*, qui rendait possible l'emploi des premières machines à vapeur, enfants de Watt, qui leur avaient donné une économie permettant de s'éloigner toujours plus de leur berceau, de la mine de houille.

Cependant, l'industrie garda son caractère d'un travail *intense, concentré,* subdivisé, organisé, continuel.

Stephenson rendit économiquement possible la machine à vapeur automotrice appelée *locomotive,* mais étroitement liée aux lignes de trafic intense et à ses rails lourds et coûteux. C'était le *travail concentré sur lignes.* La *locomobile,* sœur légère de la locomotive, permit de créer des centres de travail temporaires et changeant parfois de place.

A mesure que la consommation, la grandeur, le poids et le prix diminuaient, les machines à vapeur envahissaient le globe.

Le moteur à gaz, moins lourd, moins exigeant et moins dangereux, prit la place des petites machines à vapeur. Au début, étroitement lié aux réseaux des usines à gaz, *il a bientôt appris à faire son gaz* et à battre la locomobile, qui se croyait en sûreté à la campagne. Sa capacité de répondre immédiatement à la demande de force a assuré sa victoire, surtout dans les petites exploitations à domicile et à marche interrompue.

Il se sent battu aujourd'hui dans la plupart des endroits accessibles aux *conduites électriques* par le moteur électrique, si idéalement simple, petit, bon marché et bon enfant.

Il a donc vu son avenir sur *le champ de l'indépendance* de toute conduite et de tout rail, qui est le transport et le *travail ambulant.* C'est sa grande économie dans les petites unités, de très petit poids, qui lui a ouvert les routes, presque désertes depuis l'arrivée de la locomotive.

Sur toute la ligne, nous voyons les moteurs diminuant en poids, prix, consommation, exigence de placement, de mise en marche et d'entretien, se transformer *d'immeubles en meubles et en automobiles.*

Le pneu a rendu automobile le moteur à gaz, l'émancipant des fondements, des rails, lui permettant de se contenter comme base de n'importe quelle route. Cependant, ce sont encore des routes, des lignes à tracé choisi et arrangé, lignes nivelées, préparées, entretenues, à prendre ou à laisser, donc des moyens de *transport.* Même l'auto a-t-il appris à marcher sans route, comme les routières anglaises, à travers la prairie, le désert, la pampa, mais encore libre de choisir moment et endroit de passage, et surtout d'éviter des endroits difficiles, donc des *moyens de passage*. C'est encore le travail sur des lignes à réseau toujours plus dense, mais n'occupant guère un pour mille des surfaces ; lignes toujours moins bien construites, à trafic toujours moins intense.

Les moteurs se risqueront-ils sur la *surface non préparée de la terre* pour la cultiver? Trouveront-ils des roues s'adaptant aux champs, comme les pneus aux routes ? Seront-ils les remplaçants des animaux de trait dans ce dernier domaine colossal abandonné à cause de son manque de force? Sauront-ils se charger de ce travail sur *surface*, ambulant, nomade, ressemblant à celui d'un vernisseur de planche qui ne revient pas si vite sur ses pas, comme un commis-voyageur vendant une mauvaise marchandise? Ils ont essayé, lâché, réessayé. Il se vend cette année 10-15 mille tracteurs agricoles. Ce mouvement devra-t-il reculer ? Nous ne le croyons pas.

Mentionnons en passant le quatrième domaine, domaine encore moins préparé, du moteur à gaz encore plus léger, à travail encore moins intense, encore bien plus vaste que la surface de la terre, *l'aviation*. C'est *le travail dans l'espace*, mais sur un milieu infiniment plus tendre, plus homogène et plus constant.

Revenons à nos bœufs de trait à remplacer.

Comme il ne suffit pas pour être paysan d'être fort, de supporter les intempéries du temps et de la saleté et de mettre de gros sabots, qui ne sont que des conditions, pas des moyens de travail; il ne suffit pas que les charrues automobiles *circulent* sur les champs, *il faut qu'elles y fassent de bon ouvrage*. Aussi la culture des champs n'est-elle pas un simple travail mécanique, physique, industriel ou technologique seulement. D'abord, c'est un travail comme les autres, où des outils animés de force attaquent une matière. Mais cette matière n'est pas *transformée en produits et déchets ;* les copeaux que les outils forment sur les champs ne sont ni déchet ni produit, et la planète rabotée par nos charrues n'est pas le produit non plus, aussi peu que ma tête et mes cheveux sont le produit de mon coiffeur. La culture des champs n'est qu'une préparation, une *mise en scène des forces naturelles*.

Le désir scientifique de spécifier, de formuler le travail du labour parfait nous avait dotés pendant quelques générations d'amusantes thèses historiques sur la forme, la grandeur et la position des bandes de terre représentant un « bon labour ».

La science nous doit à ce jour la spécification d'une bonne préparation de la terre, bien que la question *de la structure normale du sol* soit enfin à l'ordre du jour et l'objet de recherches et de discussions énergiques dans tous les pays. Il s'agit d'établir une mesure, un critérium pour la qualité comparative de différents labours, de différentes préparations du sol, basé si possible sur des notions précises des *besoins physiques, chimiques, physiologiques et biologiques des plantes*. En attendant, tout bon agriculteur ou horticulteur fouillant de ses mains un champ prêt à recevoir la semence saura nous classer très nettement la qualité de telle préparation.

Il préférera toujours une couche légèrement tassée de 15-20 cm. de profondeur, composée de miettes de 1 à 10 m/m d'épaisseur, bien mélangées par l'opération et contenant environ 20 à 30 p. c. d'espace rempli moitié d'herbes, moitié d'eau. Les miettes plus petites et plus grandes, il les refusera d'habitude.

Il s'agit de produire par une ou plusieurs opérations cette *couche idéale. Rien d'autre.*

C'est là tout le problème qui se présente chaque fois que la terre s'est tassée à un degré défavorable aux plantes, soit par son propre poids, soit par les hommes, animaux et véhicules de la ferme qui y travaillent.

Donné ce problème et le moteur automobile moderne, il s'agit de trouver la meilleure méthode de défaire par un procédé déchirant ces effets comprimants.

Ce n'est plus notre rôle de classer l'intelligence de ceux qui n'ont pas encore compris *que le moteur rotatif a aussi peu affaire avec la charrue que le cheval avec la bêche.* Le bipède à vertèbres verticales se créa la bêche ; il se courba souvent le dos par l'usage de la houe plus rapide, nécessaire quand son poids ne suffisait plus à enfoncer en terre dure la bêche lente.

La substitution à l'homme d'animaux à vertèbres horizontales et incapables d'exécuter un mouvement alternant plus compliqué que ses piétinements fit naître la charrue à mouvement rectiligne ininterrompue et lente. *Rien d'autre.*

Dans une étude aussi sagace qu'amusante, un Anglais, Wren Hoskyns, a donné, en 1852, au moment où Fowler parut avec son treuil, et MM. Romaine, Usher et lui-même avec machine rotative, la plupart des bonnes raisons pour l'emploi d'outils rotatifs au service de machines à vapeur sur les champs agricoles. Je me borne à quelques thèses caractéristiques de cet homme clairvoyant.

Mais je dois aussi à la charrue et au tracteur *la correction d'une fausse critique soulevée par Hoskyns,* souvent répétée depuis.

On dit :

Les moteurs donnent la force rotative continuelle, leur nature exige et l'évolution du machinisme sanctionne l'emploi d'outils à mouvement rotatif continuel, remplaçant le mouvement rectiligne alternant. On cite scies, pompes, batteuses, fraises, meules, couteaux ayant lâché leur vieux mouvement rectiligne alternant pour la rotation continue. On a oublié que c'est surtout le *mouvement alternant* qu'on a lâché parce qu'il rendait impossible une accélération sensible qui produirait des vibrations et usures inadmissibles.

On a oublié qu'on a de cette façon remplacé *les mouvements* de l'homme adapté au travail de son *petit corps* aux petits objets fixes qu'il travaille d'habitude. Le seul grand objet que l'homme travaille (à part l'eau et l'air), c'est son champ, et les tracteurs qu'on a attelés en place des bœufs sont de très bons mécanismes par déroulement, transformant le mouvement de rotation rapide du moteur en rotation lente continuelle de ses roues; aussi bien que tout treuil est un excellent mécanisme rotatif à grand rendement produisant *en roulement* une traction rectiligne continuelle.

La difficulté n'est pas là. L'homme et ses animaux sont idéalement construits pour transporter leurs poids à travers des terres irrégulières un peu molles, et même pour traîner quelque chose derrière eux. *La jambe* est pour cela un mécanisme incomparable. Où la roue exige pour rouler une bande assez libre et droite, elle se contente *de points* auxquels elle s'adapte grâce à son articulation bien protégée de la cheville.

Mais, n'étant pas créée pour tirer beaucoup et souvent et surtout des charrues sur terres agricoles, elle ne peut en moyenne exercer sur champ une traction dépassant *10 p. c.* de la tare de son propriétaire, ni une vitesse dépassant de beaucoup un mètre à la seconde, bien qu'il puisse fortement varier ces valeurs; descendant pour les fortes tractions de 50 p. c. de tare, de l'allure d'un mètre à un tiers d'un mètre, et accélérant à trois mètres pour les tractions légères, de son poids; adaptant donc vitesse et effort bien mieux que la meilleure automobile, éclipsant presque le moteur électrique à courant continu. *Leur malheur, c'est l'étroitesse de leurs pieds* et le petit pourcentage de traction qu'ils peuvent donner *en moyenne.*

Il en résulte un piétinement des champs d'autant plus nuisible qu'il n'est pas réparable par les outils à mouvement lent; piétinement d'autant plus préjudicieux que les terres sont plus argileuses, non seulement à cause de leur plasticité, mais aussi parce que leur nombre augmente avec celui des animaux qu'il faut atteler par soc sur terre forte.

C'est malheureusement le poids, cette force la plus contraire au besoin d'un champ, qui est la première condition du labour à la charrue et à la bêche. Il faudrait pouvoir la labourer avec des ballons ou avec l'aide des hommes du ciel.

Sur l'initiative de ce Congrès, nous avons consacré une étude spéciale à la question du rendement des tracteurs. Elle nous a conduit à dire que pour l'agriculture normale les tracteurs sont dès le commencement dans un *dillemma* provenant de leur poids, condition essentielle du labour au soc, qui leur fait rencontrer dans nos bons champs moyens des résistances multiples étonnantes et très variables, qui limitent tellement le nombre de socs que l'on peut accrocher que le travail utile rendu devient minime (30 à 0 p. c.) vis-à-vis du travail dépensé inutilement et nuisiblement.

Qu'ils sont excellents pour ouvrir les prairies canadiennes, la Pampa argentine et pour le travail extensif.

Les conditions du travail agricole sont apparemment très spéciales, très différentes de celles des travaux industriels.

En industrie, l'outil et l'objet à travailler se cramponnent soigneusement l'un à l'autre. La machine-outil saisit fermement l'objet, que ce soit un grain de blé, un arbre, une fibre de coton, une barre de fer; même la puce s'accroche à la peau de l'objet immense appelé homme. Mais tous ces travaux sont des travaux sur place. Seuls nos champs nous refusent par leur constitution un ancrage ambulant continuel.

L'écureuil, le chat peuvent s'ancrer aux arbres grâce à l'adaptation de leurs griffes à l'écorce plus solide que celle de notre terre. Nous n'avons pas pu trouver d'analogie industrielle de ce travail de labour où l'homme ou l'animal moteur *doivent comprimer l'objet qu'ils veulent décomprimer.* Il n'en existe que sur le domaine pédagogique. Le maçon marche bien aussi un peu sur l'objet de son travail, mais celui-ci consiste justement en matériel le plus capable de supporter des pressions. Il empile des pierres que son poids tasse davantage. Tant mieux.

Voyons un peu ce piétinement. Un cheval ou un bœuf de 700 kilos a quatre pieds de 1 à 1.5 décimètre carré chacun, dont la moitié supporte son poids. La pression spécifique est donc de 350 à 250 kilos par décimètre carré. Il produit par mètre courant 4 empreintes, 12 par mètre carré, rien qu'en labourant, donc 50 par mètre carré si 4 bêtes labourent un sillon de terre argileuse. Donc 2 à 500,000 empreintes par hectare, sans compter les façons subséquentes.

L'homme bêchant piétine l'hectare un million de fois, à raison de 70 kilos sur les deux décimètres carrés de son pied, 35 kilos par décimètre carré, dont *8 à 10 fois moins fortement* que la bête. Additionnant ces piétinements, nous trouvons *pour la bête 100,000 tonnes,* c'est-à-dire une moyenne de 1 kilo par centimètre carré; pour l'homme, 35,000 tonnes, c'est-à-dire une moyenne de 1/3 de kilo par centimètre carré. L'homme couvre donc tout le champ d'une double couche d'empreintes faibles, mais la seconde empreinte n'augmente pas le mal fait par la première. C'est la *pression spécifique* qui détermine le degré de compression, le degré du mal fait.

Mais l'homme a cet autre grand avantage sur l'animal de trait, *qu'il peut à mesure défaire par quelques coups rapides additionnels de sa bêche le mal fait par son pied.*

Cependant, nos champs agricoles, bien que loin de la préparation pour transports de nos routes, sont aussi loin de l'état sauvage de la terre qui a fait évoluer nos jambes. Ceci lui fait admettre des roues judicieusement proportionnées. Une roue quelconque créant une ornière profonde de 3 p. c. de son diamètre s'appuie sur le sol avec 8 à 10 p. c. de sa circonférence. Dans ces conditions assez moyennes, la pratique américaine charge le décimètre carré de l'ornière avec une pression moyenne de 75 à 150 kilos, en apparence donc deux fois moins que nos chevaux et bœufs.

En réalité, la pression est pratiquement égale, parce que l'arc de contact est chargé bien plus fortement au centre qu'en avant.

Chaque point du champ étant roulé en moyenne une fois, on peut donc pour comparer constater une charge totale par hectare de 200,000 tonnes pour les tracteurs moyens, pesant 200 kilos par cheval; 100,000 tonnes pour les tracteurs extra-légers tout récents (100 kilos par HP).

La roue est donc admissible comme support rationnel de machines, *à condition qu'elle soit assez ample.*

Aussi ce n'est pas la roue en elle-même que Hoskyns attaquait en 1850. Ce qu'il sentait et voyait, c'était le *dillémma esquissé du tracteur et la possibilité de produire d'un coup un lit de semences au gré des plantes,* balayant toute la série intermédiaire des opérations préparatoires, qui au fond ne sont pas inhérentes à l'essence même de la culture du sol. Il visait le but et il indiquait le moyen d'y arriver.

Porter sur l'arrière d'une automotrice, un long tambour, muni d'un nombre de pointes et tournant si rapidement qu'il laisserait derrière lui un lit de semence, tout en aidant à la propulsion sans la gêner.

Les études très recommandables de Hoskyns, pétillantes d'esprit, finissent par une critique fictive rétrospective de 1900 sur 1850, cherchant les raisons de la lenteur du dégagement des esprits de toute la série des idées, habitudes et outils ressortissant de la traction animale, de la lenteur du retour à l'essence de la culture du sol et de l'appréhension de l'essence de la force motrice et de la mécanique.

Que s'est-il donc passé depuis Hoskyns?

On commença par la formule la plus simple de Hoskyns

même, par le tambour transversal. Romaine a même collé des socs à charrue sur son tambour à rotation lente. Mais les machines à vapeur de l'époque furent trop lourdes et les couteaux des tambours se cassaient aux pierres qui les surprenaient bien plus que les socs traînés. Le tambour lent de Ganz et Cie, essayant en vain de faire les mottes traditionnelles, ne se cassait pas aux pierres, mais grimpait dessus, en soulevant la machine.

Les tentatives de Boghos Pacha, Cooper, Darby, Lorenz, Klaus échouaient à cause de leur complication, du poids et de la rigidité des outils.

Dernièrement, on revint aux tambours simples.

L'automobilisme nous a dotés de moteurs et *mécanismes légers et intenses.* Ils donnent simplicité et légèreté, mais les outils sont surpris, en 1913 comme en 1850, par les pierres qui n'ont pas voulu se dissoudre depuis.

Où est la difficulté? Où se trouve l'avantage de l'outil rotatif? La terre éprouve-t-elle un tel plaisir spécial à se sentir pénétrée d'un mouvement circulaire qu'elle céderait plus volontiers à un outil rotatif? Elle est si ronde et depuis si longtemps que ces cercles n'ont plus de charme pour elle.

L'avantage consiste :

1) Dans la continuité du mouvement rotatif, qui permet une rotation rapide à forces et réactions relativement petites, donc des outils, commandes et machines légers, à la condition que les chocs sur pierres n'éveillent pas des forces énormes, bien rares peut-être, mais insupportables.

2) Dans l'effet sur la structure de la terre du choc dû à cette rapidité.

3) En ce qu'il permet ce bon mélange et brassage intime, de nature surtout chimique, des parties de la couche arable, devenues hétérogènes, inégales (terre, fumier, engrais vert et chimique, chaume, mauvaises herbes).

4) Dans l'effet centrifuge, libérant les outils de terre, d'herbe et de fumier.

5) Dans le rendement élevé du mécanisme locomoteur dans la machine même et au contact des roues avec la terre (accouplement à friction).

6) Dans la faible compression du sol et dans la facilité d'émietter de nouveau à mesure les ornières comprimées.

Etudions de plus près ces effets avantageux :

Résumons ces considérations pour dire que :

Sur les terres en haute culture, le tracteur sera toujours condamné sur les surprises des résistances multiples provenant de son poids inévitable, qui, en outre, cause du mal irréparable à la terre.

Les outils rotatifs doivent tourner rapidement pour pouvoir produire *l'émiettement* désirable, pour détruire les mauvaises herbes, pour bien mélanger la terre, pour bien se nettoyer, pour pouvoir être légers, pour permettre de construire des machines légères, qui exécutent aussi les travaux de surface, pour faciliter l'échange des outils adaptables aux différents travaux.

Les outils rotatifs doivent résister aux pierres, malgré leur rotation rapide.

Les outils rotatifs doivent exécuter avec précision en profondeur et en largeur les travaux de surface exigés par la culture intense moderne en pays secs et humides.

La qualité des outils rotatifs ne dépend point de la rotation même, mais des possibilités prêtées par la rotation d'exécuter une meilleure culture intense, s'approchant du jardinage sans en exiger la main-d'œuvre coûteuse traditionnelle.

La formule des derniers huit ans pour les pays européens occidentaux fut *la culture intensifiée*. La Russie et l'Amérique se convertissent rapidement à cette formule.

La machine agricole automobile à outils rotatifs représente l'intensification de la culture ; le tracteur, la culture extensive.

Grâce au moteur roulant sur les champs pour y remplacer non les jambes mais les bras, le virement récent européen, imposé par le manque de bras vers une culture plus intense le cédera au retour à une culture plus intense, enfonçant d'un bout la courbe de rentabilité représentant dans les circonstances actuelles la loi de Turgot de la rente diminuante du sol.

Bâle (Suisse), 22, Gellertstrasse, mars 1913.

Bases pour les essais des instruments de travail mécanique du sol.

von **Josef REZEK**,

ordentl. Professor der k. k. Hochschule für Bodenkultur in Wien.

Anlässlich des ersten internationalen Kongresses für landwirtschaftliches Maschinenwesen Lüttich 1905 habe ich die Schaffung einheitlicher, international geltender Normen für die Prüfung landwirtschaftlicher Maschinen und Geräte angeregt und anlässlich des VIII. internationalen landwirtschaftlichen Kongresses Wien 1907 diese Anregung gemeinsam mit einer grösseren Zahl von Fachgenossen und Kollegen, unter denen ich namentlich die Herren Ebbs-Wien, Fischer-Berlin, Lako-Wageningen, Puchner-Weihenstephan, Nachtweh-Hannover und Winkler-Wien anführe, insoferne verwirklichen können, als auf dem genannten Kongress für einige Gruppen landwirtschaftlicher Maschinen und Geräte Prüfungsnormen beschlossen wurden, die seither nicht bloss in den Berichten des eben erwähnten Kongresses, sondern auch in den Mitteilungen des Verbandes landwirtschaftlicher Maschinenprüfungsanstalten und in einer bei Paul Parey in Berlin erschienenen Sonderschrift veröffentlicht worden sind (1).

Jeder der genannten Herren referierte dazumal über eine der vielen Gruppen landwirtschaftlicher Maschinen und speziell die für die Prüfung von Dampfpflug-Lokomotiven besch-

---

(1) Eine Fortsetzung erhielt diese Veröffentlichung seither durch die von Martiny in Halle vorgeschlagenen und vom Verbande landwirtschaftlicher Maschinenprüfungsanstalten angenommenen Leitsätze für die Prüfung von Motorpflügen. Verlag P. Parey Berlin 1912.

lossenen Normen wurden dem Kongress von mir vorgeschlagen. Als ich jedoch 2 Jahre später vor die Aufgabe gestellt war, einen Dampfpflug nach diesen Normen zu prüfen, wurde mir dies dadurch unmöglich, dass die Normen unter anderem eine dynamometrische Untersuchung des eigentlichen Bodenbearbeitungsgerätes vorschreiben, ich jedoch keine Firma ausfindig zu machen vermochte, bei welcher ein geeignetes Dampfpflug-Dynamometer käuflich erhältlich gewesen wäre. Diese Tatsache veranlasste mich zur Konstruktion jenes Instrumentes, welches ich heute den auf dem Genter Kongress versammelten Kollegen zur Beurteilung vorführe.

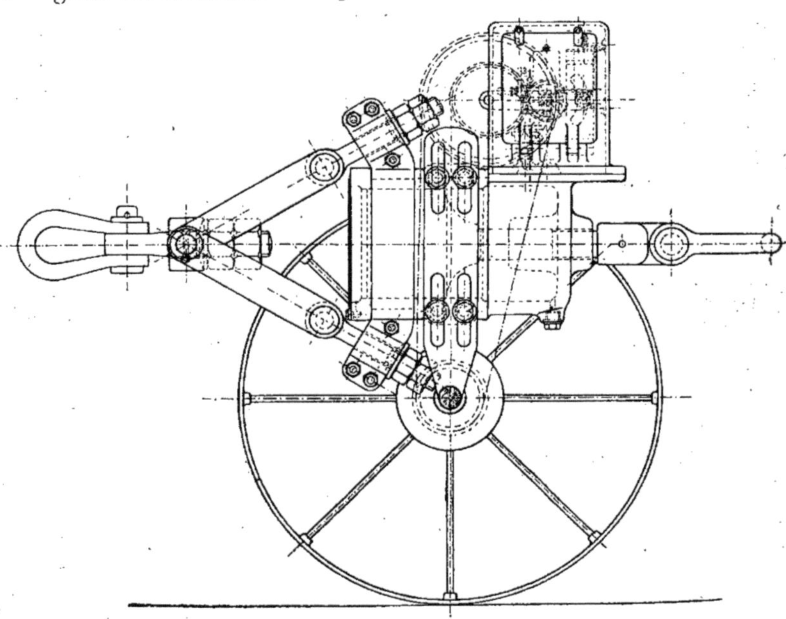

Fig. 1. Aufriss des Dynamometers,
nach Prof. Rezek für 1200, bezw. 12.000 kg. Maximalzug.

Die zeichnerischen Darstellungen Fig. 1 und 2 zeigen, dass das Instrument in die Gruppe der Cylinder-Kolben-Instrumente gehört. Der mit Glyzerin gefüllte Arbeitscylinder

desselben wird mit dem Anspannhaken des Bodenbearbeitungsgerätes, der Kolben mit dem Drahtseil der arbeitenden
Lokomotive verbunden und hierdurch entsteht im Arbeitscylinder eine Flüssigkeitsspannung, welche von dem in
fig. 2. Ersichtlichen Indikator auf einer Papiertrommel
registriert wird, die durch eine von der Fahrradachse des
Instrumentes abgehende Transmission in stets gleichem Dreh-
sinne bewegt wird. Der Arbeitscylinder ist mit einem absichtlich nicht abgefederten Fahrgestell verbunden und sein
Kolben ist ein sogenannt « reibungsloser » Kolben, wel-

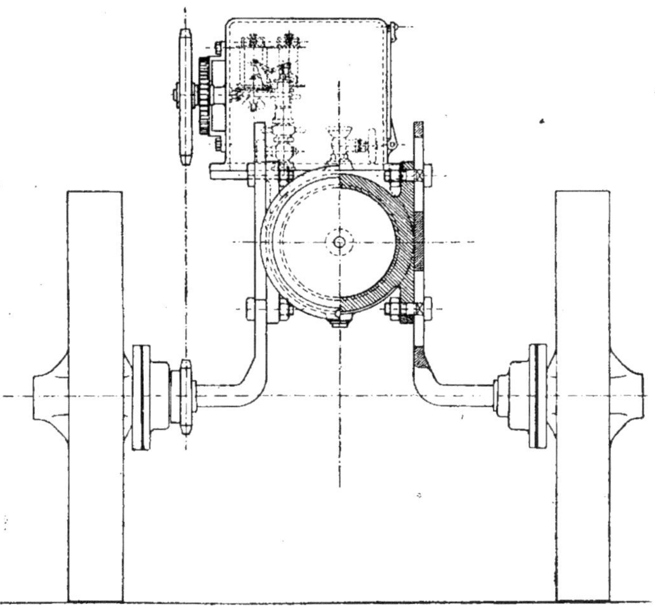

Fig. 2. Kreuzriss, bezw. Querschnitt des Dynamometers.

cher ohne Verwendung irgend eines Dichtungsmaterials
lediglich dadurch dichtet, dass er in den Arbeitscylinder
genau eingeschliffen wurde. Dieses Instrument habe ich
für die Untersuchung von Seildampfpflügen in 2 Grössen

entworfen; das grössere der beiden Instrumente ist für Zugkräfte bis zu 12 000 kg konstruiert und dient zur Registrierung der Seilspannungen in dem das Bodenbearbeitungsgerät bewegenden Drahtseil, während das kleinere für maximale Zugkräfte bis zu 1 200 kg berechnete Instrument die Spannungen in dem hinter dem Bodenbearbeitungsgerät nachgeschleppten Drahtseil aufzuzeichnen bestimmt ist. Die werkstättengemässe Ausführung der Instrumente hat die bekannte Maschinenfabrik Schäffer & Budenberg in Magdeburg-Buckau übernommen.

Was nun den Vergleich der Konstruktion und Wirkungsweise meiner Instrumente mit anderen Dynamometern betrifft, so habe ich zu bemerken, dass ich auf meinen Studienreisen durch zahlreiche Kulturstaaten Europas nur auf der von M. Ringelmann geleiteten Station d'Essais de Machines Agricoles in Paris für die Untersuchung von Seildampfpflügen geeignete Dynamometer kennen gelernt habe. Auf der genannten Station sah ich zwei äusserst sorgfältig ausgebildete Federdynamometer, von denen mir mein verehrter Kollege, Professor M. Ringelmann, mitteilte, dass das kleinere derselben für die Registrierung von Zugkräften bis zu 1000 kg bestimmt sei und für 6,000 Frcs von der derzeit nicht mehr bestehenden Firma Eastons & Anderson in London angekauft wurde, während das grössere für Zugkräfte bis zu 10,000 kg konstruierte Instrument nach Bezug einiger wichtiger Einzelteile in den Werkstätten der Pariser Prüfungsstation angefertigt wurde (1).

Nun verehre ich in M. Ringelmann den hervorragendsten Vertreter des landwirtschaftlichen Maschinenwesens und weiss die zahlreichen Ergebnisse seiner mit den eben angeführten Federdynamometern ausgeführten Untersuchungen vollauf zu würdigen. Ebenso überzeugt bin ich aber, dass

---

(1) Lange nach Fertigstellung meiner Instrumente und zwar erst vor wenigen Monaten habe ich auch bei meinem Freund und Kollegen Prof. P. Sporzon in Magyarovar in Ungarn ein schon von seinem Vorgänger, Prof. V. Thallmayer bezogenes Dampfpflug-Dynamometer gesehen, welches gleichfalls als Federdynamometer konstruiert ist.

den Federdynamometern grundsätzlich einige Nachteile anhaften, und dass mein verehrter Kollege Federigo Giordano in Mailand recht hat, wenn er in seinem schönen Werke „Le Ricerche Sperimentali di Meccanica Agraria, Milano, Leopoldo Beretta-Editore 1906" gegen jedes Federdynamometer unter anderem den Einwand erhebt, dass dasselbe, wie jedes zwischen den Motor und das Arbeitsgerät eingeschaltete elastische Zwischenglied, alle Stosserscheinungen mildert und hierdurch den Verlauf der zu beobachtenden Arbeitserscheinungen in der Weise abändert, dass 1. die Abweichungen der maximalen und minimalen Werte der Zugkraft von ihrem Mittelwert kleiner werden und dass 2. auch der Mittelwert der benötigten Zugkraft selbst kleiner wird, als er ohne Einschaltung des Federdynamometers geworden wäre.

Den Vorwurf der Elastizität kann man nun gegen meine Konstruktion nicht erheben, denn, sieht man von den bei jedem Instrument unvermeidlichen Deformationen seines Konstruktionsmaterials ab und berechnet bei demselben unter der praktisch zulässigen Annahme, dass die Flüssigkeiten vollkommen unelastisch sind, die Schwingungsweite des Kolbens in seinem Arbeitscylinder aus den Bewegungen des unter Federdruck stehenden Indikatorkolbens, so findet man, dass bei der grössten Belastungsänderung, für welche das Instrument konstruiert ist, das ist bei der Aenderung der Zugkraft von 0 auf 12 000 kg oder umgekehrt, der Kolben des Instrumentes in seinem Arbeitscylinder einen verschwindend kleinen Weg von nur 0,075 mm zurücklegt, woraus folgt, dass das Instrument praktisch als vollkommen unelastisch bezeichnet werden darf.

Den Vorteil der Starrheit weist aber jedes Dynamometer auf, welches den hydraulischen Druck einer Pressflüssigkeit zur Kraftregistrierung verwendet, wobei jedoch unter diesen Instrumenten im allgemeinen die Messdosen-Instrumente für wissenschaftlich einwandfreier gelten, als wie die Cylinder-Kolben-Instrumente. Die grossen Vorteile, welche der Messdose namentlich für die Konstruktion von Materialprüfungsmaschinen zuzuerkennen sind, waren mir zur Zeit des Entwurfes meines Dynamometers sehr wohl bekannt, weil ich

dieselben dazumal schon Jahre hindurch an einer Emery-
maschine des k. k. Technologischen Gewerbemuseums in
Wien schätzen gelernt habe und desgleichen war mir der
Vorschlag meines Kollegen Giordano bereits bekannt, die
Messdose auch zur Konstruktion von Zugdynamometern
für das landwirtschaftlich-maschinentechnische Versuchs-
wesen zu verwenden, nachdem ich seine, diesen Vorschlag
enthaltende Abhandlung „Einige neue Dynamometer, besonders angewandt auf das Studium landwirtschaftlicher Maschinen" dem bereits erwähnten Wiener Kongress persönlich zu
überreichen hatte. (1)

Dass ich mich trotzdem für den Entwurf eines Cylinder-
Kolben-Instrumentes entschied, ist hauptsächlich auf die
Zweifel zurückzuführen, die mir darüber aufstiegen, ob die
Messdose, die sich für die ganz allmäligen, nahezu vollkom-
men stossfreien Belastungsänderungen der Materialprüfungs-
maschinen so glänzend bewährt, auch jenen plötzlichen
Belastungsschwankungen dauernd standhalten würde, welchen sie in einem Dampfpflugdynamometer ausgesetzt wäre.
Erfahrungen hierüber hatte ich nicht und als die Firma
Schäffer & Budenberg jede Garantie dafür, dass ein von ihr
zu lieferndes Messdoseninstrument den unberechenbaren
Belastungsschwankungen eines Ackerungsbetriebes dauernd
standhalten würde, ablehnte, entschloss ich mich zur Ausführung eines Cylinder-Kolben-Instrumentes, dessen Einzelteile ich in den rechnerisch ermittelten Festigkeitsdimen-
sionen anfertigen lassen konnte, während die Messdose
grundsätzlich sehr dünnwandig werden muss, um möglichst
kleine Deformationsarbeiten ihres Konstruktionsmaterials zu
bedingen.

Während einer nunmehr 3 Jahre währenden Verwendung
haben sich meine Instrumente auch tatsächlich als hinreichend fest und dauerhaft erwiesen. Welchen Inanspruch-

---

(1) Veröffentlicht ist diese Abhandlung im Jahrgang 1908 der
Mitteilungen des Verbandes landwirtschaftlicher Maschinenprüfungsanstalten, herausgegeben von Prof. Dr. A. Nachtweh in Han-
nover, Verlags-Buchhandlung P. Parey Berlin.

nahmen sie hiebei standzuhalten hatten, beleuchte folgender Vorfall : Bei den allerersten Erprobungen der gerade fertig gewordenen Instrumente verwendeten wir für die Verbindung des grossen Instrumentes mit dem Bodenbearbeitungsgerät ein Seilstück, welches aus Ersparungsrücksichten aus einem alten, bereits schadhaft gewordenen Pflugseil herausgeschnitten war. Diese Sparsamkeit war nicht gerechtfertigt, denn sie hätte leicht ein Menschenleben kosten können. Als wir nämlich, einem Wunsche der für das Versuchsfeld in Betracht kommenden Gutsverwaltung entsprechend, den Tiefgang des Kippfluges von 34 cm auf etwa 38 cm vergrösserten, wurde hiedurch eine noch nie bearbeitete und so widerstandsfähige Bodenschichte des Untergrundes mitergriffen, dass das erwähnte Verbindungsseil zerriss, wodurch das Dynamometer vom Zugseil der Lokomotive derart emporgeschnellt wurde, dass das 410 kg wiegende Instrument in einem weiten Bogen von etwa 5 m Pfeilhöhe durch die Luft flog, worauf es, nach seinem Aufschlagen auf den Erdboden, einigemale sich überschlagend, ein Stück Weges weiterkollerte. Unmittelbar nachher fand ich diesen Vorfall auf dem Indikatorpapier des Instrumentes in der Weise registriert, dass die zuletzt aufgezeichnete Kraftlinie von 3000-4000 kg rasch bis über 11 000 kg anstieg, hierauf plötzlich bezw. senkrecht auf die Null-Linie herabfiel, worauf einige ganz kurze Schwingungen folgten, welche offenbar erst während des Kollerns des Instrumentes auf dem Ackerboden verzeichnet wurden. Das Instrument hat aber während des eben geschilderten Unfalles nicht bloss zuverlässig weiter funktioniert, sondern durch diese ganz ungewöhnliche Inanspruchnahme auch nicht den geringsten Schaden erlitten.

Nebst hinreichender Festigkeit und Dauerhaftigkeit erreichte ich aber gerade durch den Entwurf eines Cylinder-Kolben-Instrumentes auch noch die Möglichkeit, den altbewährten und konstruktiv so hoch entwickelten Dampfmaschinenindikator, ausser für die Indizierung der eigentlichen Dampfmaschine, auch für die Registrierung der von den Lokomotiven auf den Anspannhaken des Bodenbearbeitungsgerätes übertragenen Effektivleistung zu verwenden, wobei durch eine blosse Auswechselung der Indikatorfeder der Kräftemasstab immer derart gewählt werden kann, dass für die Diagramme nahezu die volle Breite des Diagrammpapieres ausnutzbar wird. Hiezu habe ich meinem grösseren Instrumente ausser der Indikatorfeder für Zugkräfte bis zu 12 000 kg auch Zusatzfedern für die Messbereiche bis zu 10 000, 7500 und 5000 kg und in analoger Weise dem kleinern Dynamometer ausser der Indikatorfeder für 1200 kg Maximalzug auch noch Zusatzfedern für 1000 bezw. 750 bezw. 500 kg Maximalzug beigegeben.

Nun verdienen aber die bisher angeführten Vorzüge unseres Instrumentes und zwar seine Festigkeit, und Dauerhaftigkeit und die Verwendbarkeit des Dampfmaschinenindikators für seine Kraftregistrierung nur dann volle Beachtung, wenn das vorgeführte Instrument von jenem Nachteil befreit ist, mit welchem alle bisherigen Cylinder-Kolben-Instrumente behaftet waren, und welcher darin besteht, dass sich der Kolben infolge der sogenannten Kolbenreibung der Ruhe zeitweise in seinem Arbeitscylinder festsetzte und hiedurch die genaue Kraftmessung verhinderte. Wie verhält sich nun in dieser Hinsicht mein Instrument? Von dem Nachteil der sogenannten Kolbenreibung der Ruhe sind im allgemeinen auch die sogenannt „reibungslosen" Kolben durchaus nicht frei, vielmehr kann man selbst bei diesen experimentell folgendes feststellen :

Belastet man einen in seinen Arbeitscylinder möglichst genau eingeschliffenen, also sogenannt reibungslosen Kolben in seinem Arbeitscylinder vollkommen zentrisch durch Gewichte, so gelingt es bei vollkommener Ruhe des Kolbens in seinem Arbeitscylinder, die Belastung allmälig, also stossfrei, um etwa 10 % zu erhöhen, ohne dass ein mit dem Arbeitscylinder in Verbindung stehendes Manometer seine Druckanzeige ändert, eine Tatsache, welche offenbar nur auf ein Festsetzen des Kolbens in seinem Cylinder infolge seiner „Kolbenreibung der Ruhe" zurückzuführen ist. Erteilt man jedoch nach der in eben beschriebener Weise erfolgten Mehrbelastung dem Kolben eine kleine Drehung in seinem Arbeitscylinder, so zeigt das Manometer sofort den der Gesamtnelastung des Kolbens entsprechenden Druck an. Auf dieser letzteren Erscheinung beruht nun die wissenschaftlich vollkommen einwandfreie Funktion meines Dynamometers, bei dessen richtiger Verwendung zur Untersuchung von Seildampfpflügen. Ist nämlich für die genaue Druckanzeige der Registriervorrichtung eines mit reibungslosem Kolben konstruierten und gut ausgeführten Instrumentes tatsächlich nur eine kleine Drehbewegung des Instrumentenkolbens in seinem Arbeitscylinder notwendig, so wird diese Drehbewegung bei meinem keinerlei Drehmechanismus für den Kolben aufweisenden Dynamometer bei der Untersuchung von Seildampfpflügen schon dadurch gesichert, dass man das Drahtseil der ziehenden Lokomotive nicht mit dem Arbeitscylinder, sondern mit dem Kolben des Instrumentes verbindet. In diesem Falle erteilt das Drahtseil, nicht etwa zufällig, sondern infolge des bei seiner Anfertigung erhaltenen Dralles ganz *zuverlässig* dem Kolben eine Drehbewegung in seinem Arbeitscylinder, welche sofort mit dem Anzuge des Drahtseiles beginnt und während des ganzen Furchenganges des Bodenbearbeitungsgerätes in stets gleichem Drehsinn anhält, wodurch jedwede „Kolbenreibung der Ruhe" bezw. jedwedes Festsetzen des Kolbens in seinem Arbeitscylinder verhütet wird. Der Kolben bewegt sich hiebei in seinem Arbeitscylinder mit einer Drehzahl, deren ziffermässiger Wert pro Minute nur vom Drall des Drahtseiles abhängig und für die zuverlässige Funktion des Instrumentes vollkommen belanglos ist, nahezu gleichförmig nach Schraubenlinien, deren Steigungen, obwohl ausserordentlich klein, unter der Voraussetzung, dass sich die Indikatorfeder genau proportional ihrer jeweiligen Belastung deformiert, den auf das Instrument wirkenden Zugkräften genau proportional werden Teils im Versuchsraum meiner Prüfungsstation, teils im mechanisch-technischen Laboratorium der k. k. technischen Hochschule in Wien gemeinsam mit einigen Fachkollegen ausgeführte Eichungen meines Instrumentes haben denn auch gezeigt, dass, so klein auch die axialen Schwingungen des Kolbens meines Instrumentes in seinem Arbeitscylinder sind, dieselben dennoch eine den Belastungsänderungen des Kolbens genau proportionale Bewegung des Schreibstiftes des Indikators in einem Mass-

stabe veranlassen, welcher für die Registrierung der in
Betracht kommenden Kräfte nahezu die volle Breite des Indi-
katorpapiere auszunützen gestattet.

Ein Blick auf die Fig. 3, welche ein Stück eines anlässlich
der Untersuchung eines Dampfpfluges der Firma J. Kemna
in Breslau mit meinem Dynamometer abgenommenen Diagrammes von cca 4,5 m Papierlänge darstellt, zeigt aber auch
die grosse Empfindlichkeit, mit welcher das Instrument selbst
relativ geringfügige Spannungsänderungen des Drahtseiles
registriert. Der im allgemeinen wellige Verlauf der Dia-

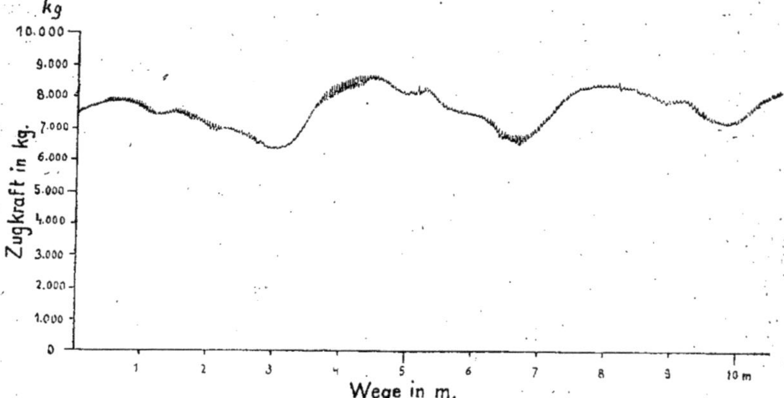

Fig, 3. Teil eines 4.5 m langen Diagrammes des grösseren Dynamometers,
aufgenommen bei einer Dampfpfluguntersuchung.

grammkurve ist hauptsächlich auf die Inhomogenitäten des
Ackerbodens und die im praktischen Ackerungsbetrieb unvermeidlichen zeitweisen Aenderungen der Furchendimensionen,
der Umstand aber, dass die Kurven wie mit zitternder Hand
geschrieben erscheinen, meines Erachtens darauf zurückzuführen, dass das Instrument selbst die kleinen Spannungsänderungen infolge der fortwährend wechselnden elastischen
Dehnungen des Drahtseiles mitregistriert.

Bei der dynamometrischen Untersuchung von motorisch
betriebenen Seilpflügen dreht sich also bei richtiger Einschal-

,tung meines Dynamometers der Kolben des Instrumentes ununterbrochen in seinem Arbeitscylinder, welche Tatsache ich als ein besonderes Kennzeichen meines Instrumentes deshalb betone, weil einerseits die in jeder Hinsicht einwandfreie Funktion des Instrumentes bei der Untersuchung aller motorisch betriebenen Seilpflüge gerade durch diese Drehbewegung vollkommen gesichert erscheint und anderseits die drehbare Anordnung des Kolbens bei den vor dem Entwurf meines Instrumentes bekannt gewordenen Cylinder-Kolben-Dynamometern fehlt. (1)

Eine erwähnenswerte Einzelheit meiner Instrumente bildet ferner deren absichtlich nicht abgefedertes Fahrgestell. Für die Untersuchung von motorisch betriebenen Seilpflügen hätte es gewiss genügt, den Arbeitscylinder unmittelbar auf den Kippflug aufzusetzen. Um jedoch die Verbindung der Instrumente mit den mannigfaltigsten motorisch betriebenen Geräten, als wie mit Grubbern, Rübenhebern u.s.w. zu erleichtern und insbesondere ihr Verwendungsgebiet auch auf solche Untersuchungen ausdehnen zu können, bei welchen eine Drehung des Instrumentenkolbens im Arbeitscylinder unmöglich wird, oder nur in umständlicher Weise erreichbar wäre, habe ich den Arbeitscylinder mit einem absichtlich *nicht abgefederten* Fahrgestell verbunden, in der Hoffnung, dass bei der Untersuchung beliebiger, auch anders als mit einem Drahtseil fortschreitend bewegter Feldgeräte der Landwirtschaft, die zahlreichen Stosswirkungen des nie vollkommen ebenen Erdbodens gegen die Fahrräder des Gestelles eine solche Rüttelbewegung des ganzen Instrumentes herbeiführen werden, dass das Auftreten einer Kolbenreibung der Ruhe schon hiedurch allein verhütet und das Instrument hiedurch auch für alle diese Untersuchungen brauchbar wird.

---

(1) So beschreibt beispielsweise im Jahrgang 1905 von « Fühlings Landwirtschaftliche Zeitung » Prof. Dr. Ing. A. Nachtweh nebst vielen Federdynamometern auch ein von J. Amsler-Laffon & Sohn in Schaffhausen für die Untersuchung von landwirtschaftlichen Maschinen und Geräten konstruiertes hydraulisches Dynamometer, bei welchem jedoch der Kolben in seinem Arbeitscylinder nicht drehbar ist.

Meine Erwartungen wurden nun auch in dieser Hinsicht
nicht getäuscht und erfüllten sich sogar in folgendem Falle,
in welchem mir die zuverlässige Funktion meines Instrumentes von vorneherein sehr fraglich schien. Vor einigen
Monaten hatte ich gemeinsam mit meinem verehrten Kollegen, Hofrat Prof. Julius Marchet auf einer Waldbahn des
Fürst Liechtenstein'schen Forstbezirkes Lundenburg in
Mähren Untersuchungen auszuführen, durch welche die Zug-
widerstände dieser Waldbahn und die Leistungsfähigkeit
einer hiebei als Traktor benützten Benzinlokomotive der
Gasmotorenfabrik Langen & Wolf in Wien ziffermässig fest-
gestellt werden sollten. Für diese Untersuchungen wurde
unser kleineres Dampfpflugdynamometer mit einem für die
Befahrung des Eisenbahngeleises geeigneten Fahrgestell aus-
gerüstet und da ich befürchtete, dass die glatten Bahnschienen
das zeitweise Auftreten der Kolbenreibung der Ruhe nicht
verhindern werden, waren wir darauf gefasst, bei diesen
Untersuchungen nötigenfalls eine schwingende Bewegung
des Kolbens in seinem Arbeitscylinder von Hand aus herbeiführen zu lassen. Erfreudlicher Weise hat sich jedoch diese

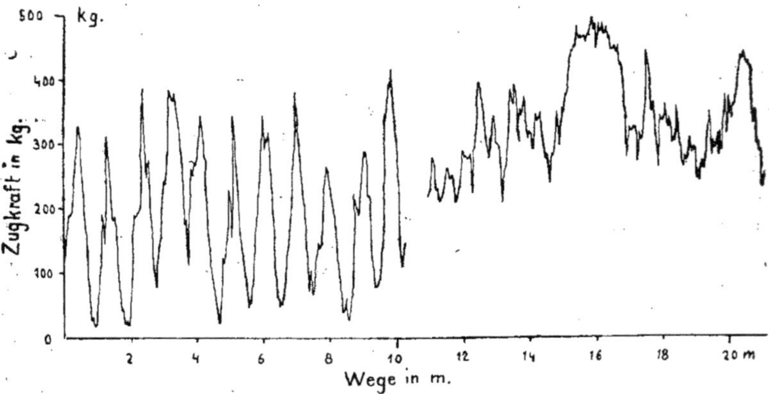

Fig. 4. Zwei Diagrammteile des kleineren Dynamometers,
aufgenommen bei der Untersuchung einer mit einer Benzinlokomotive
betreibenen Waldeisenbahn.

Massnahme, welche einige Umständlichkeiten bedingt hätte, als entbehrlich erwiesen, weil schon die Wirkung der Schienenstösse das Auftreten der Kolbenreibung der Ruhe, bezw. das Festsetzen des Kolbens im Arbeitscylinder verhindert und hiedurch eine vollkommen befriedigende Funktion des Instrumentes gesichert hat. Ich führe in Fig. 4 zwei kurze, willkürlich gewählte Stücke der bei diesen Untersuchungen abgenommenen Dynamometerdiagramme vor, weil mir ein Vergleich derselben mit dem in Abb. 3 vorgeführten Diagramm unseres grossen Dampfpflugdynamometers recht intressant erscheint. Zunächst finden wir auch in diesen Diagrammstücken an keiner einzigen Stelle einen zur Null-Linie parallelen Verlauf der Kraftlinie, woraus folgt, dass sich auch bei dieser Untersuchung der Kolben niemals in relativer Ruhelage gegen seinen Arbeitscylinder befand, sondern in demselben ununterbrochen kleine Schwingungen ausführte. Ueberraschender Weise zeigen aber gerade diese Diagrammstücke durch zahlreiche Zacken oder Spitzen ein fortwährendes Steigen und Sinken der Zugkraft an, während der Bewegungswiderstand des Zuges auf den Eisenbahnschienen namentlich auf gerader und horizontaler Strecke nur wenig variieren konnte. Als mein Kollege Marchet die Ursache dieses unausgesetzt wechselnden Emporschnellens und Wiederherabsinkens der Zugkräfte in unserem Diagramm zur Diskussion stellte, habe ich die Vermutung ausgesprochen, dass die Ursache in dem Vorspringen der Lokomotive bei den aufeinanderfolgenden Explosionen ihres im Vier-Takt arbeitenden Benzinmotors liege und die Richtigkeit dieser Vermutung mit der Feststellung wesentlich bekräftigen können, dass die Zahl der Spitzen (Zugkraftmaxima) in unserem Diagramme mit der auf die gleiche Wegstrecke bezogenen Zahl der Explosionen unseres Motors übereinstimmte. Die in Abb. 4 bruchstückweise vorgeführten Diagramme sind gleichzeitig ein schöner Beleg für meine namentlich auf dem schon erwähnten Wiener Kongress vertretenen Ansicht, dass der Verlauf der Kraftlinie jedes Dynamometerdiagrammes nicht bloss von der gewöhnlich das Versuchsobjekt darstellenden Arbeitsmaschine, sondern auch von der Arbeitsweise des verwendeten Betriebsmotors abhängt.

Die einzige unangenehme Erfahrung, welche ich innerhalb einer 3 Jahre währenden Beobachtungszeit mit meinem hier vorgeführten Dynamometer zu machen hatte, bestand darin, dass ein Festsetzen des Kolbens im Arbeitscylinder auch bei meinem Instrument in dem Falle möglich wird, dass irgend ein Schmutzteil zwischen den Kolben und den Cylinder tritt und beide gegenseitig verklemmt. Im Falle dieser verklemmend wirkende kleine Fremdkörper ein hartes Partikelchen, etwa ein kleines Sandkörnchen war, kann sogar, entweder auf der Umfläche des Kolbens, oder auf der Innenfläche des Arbeitscylinders ein Grat aufgetrieben werden, welcher mit einem Schaber vorsichtig entfernt werden muss, damit das Instrument seine unsprüngliche Empfindlichkeit und Beweglichkeit zurückerlangt und neuerlich vollkommen einwandfrei funktioniert. Ein zeitweises Festsetzen des Kolbens in seinem Cylinder tritt aber bekanntlich auch bei jedem Indikator ein; doch erblickt die Fachwelt trotz dieser Erscheinung mit Recht im Indikator das für die Untersuchung von Dampfmaschinen geeigneteste Instrument.

Erörterungen über die Bedeutung der dynamometrischen Untersuchung und daher auch über die Bedeutung zuverlässig wirkender Dynamometer würden hier zu weit führen. Kurz erwähnt sei nur, dass diese Untersuchungen unter anderem auch zu ziffermässigen Ergebnissen über die effektive Stundenleistung verschiedener Ackerungsapparate in mkg und über die Brennstoffökonomie derselben in mkg/WE führen, also mit dem letzteren Werte feststellen, wieviel mkg Nutzarbeit pro I WE des verbrauchten Brennstoffes auf den Ackerboden übertragen werden, so dass hiedurch für die Beurteilung der wirtschaftlichen und technischen Qualitäten verschiedener Ackerungsapparate vollkommen einwandfreie Vergleichsziffern erhalten werden (1).

In einem Rückblick auf meine heutigen Ausführungen

---

(1) Näheres hierüber veröffentliche ich derzeit unter dem Titel « Ueber ein neues Dampfplug-Dynamometer » in den « Mitteilungen des K. K. Technischen Versuchsamtes ». Druck und Verlag der K. K. Hof- und Staatsdruckerei in Wien. Jahrgang 1913.

glaube ich dieselben mit keinem Resumé, wohl aber mit meiner persönlichen Ansicht schliessen zu sollen, dass das hier vorgeführte Dynamometer zum erstenmale alle Bedingungen erfüllt, welche nach dem gegenwärtigen Stande des landwirtschaftlich-maschinentechnischen Versuchswesens an die Dynamometer gestellt werden, indem es bei seiner Verwendung zur Untersuchung motorisch betriebener Seilpflüge technisch, bezw. wissenschaftlich vollkommen einwandfrei funktioniert und hiebei praktisch als vollkommen starr, bezw. unelastisch und als hinreichend fest und dauerhaft bezeichnet werden darf.

Bases pour les Essais des Instruments de travail mécanique du sol. — La Détermination rationnelle des caractères physiques du sol,

par **Federigo GIORDANO**

Professeur ordinaire de Construction des Machines au R. Politecnico, Milan.

I

Les difficultés de définir et d'évaluer les caractères ou propriétés des terres au point de vue du fonctionnement des machines sont bien connues. La variabilité de ces caractères et les défauts d'homogénéité du sol ne sont cependant pas des raisons suffisantes pour négliger les recherches: faute de connaissances, il est presque impossible d'établir l'étude rationnelle des pièces travaillantes et surtout d'effectuer la comparaison des résultats des essais, de plus en plus nombreux et variés, des machines agricoles, et d'en tirer profit pour la généralité. En effet, on constate une certaine intensification des études dans ce champ et on répète quelquefois des tentatives pour utiliser, en les combinant, les efforts des agronomes mécaniciens et des chimistes.

Plusieurs qualités ou *caractères* du sol sont bien définis et il serait seulement à désirer que l'on adoptât officiellement des méthodes uniformes pour leur évaluation : tels le *poids spécifique, les coefficients de frottement et d'adhérence* (1).

Pour d'autres caractères, c'est une nécessité de suivre des définitions et des modalités de recherche empiriques ou conventionnelles : tels le *degré de subdivision* avant et après le labourage, la condition de *renversement* des couches de terre, etc. (2)

---

(1) V. Ringelmann. *Rapport sur les essais de Plessis*, 1902, p. 94 ; Niccoli. *Meccanica agraria*, 1905, I. p. 95, etc.

(2) V. Puchner. *Untersuchungen auf dem Gebiete des landwirtschaftlichen Maschinenwesens*, 1909, p. 124 ; etc., etc.

x1

Mais pour certains caractères — ceux qui sont en rapport plus direct avec la résistance que le sol oppose à la pénétration *(cohésion, tenacité)* — l'incertitude de la définition et l'empirisme de la détermination sont en partie voulus : on doit s'efforcer à réduire au minimum leur portée. On a cherché des relations fantastiques et on en a fait l'objet de propositions les plus irrationnelles : les essais à la flexion (Schübler — De Gasparin), à l'écrasement (Haberlandt), au percement (Passerini) exécutés sur des prismes de terre comprimés ou cuits. Toute rigueur scientifique manque également aux définitions et procédés dérivés de la *béche-dynamométrique,* coutre et soc dynamométriques (Poncelet, Coulomb, De Gasparin, etc.) : il s'agit d'un *coin* et les opérateurs ont presque toujours oublié d'indiquer l'*angle* et l'arrondissement du *tranchant,* la *largeur des flancs* de la lame à face entièrement inclinées ou en partie parallèles, la forme et, enfin, les dimensions de la section du couteau (1).

Et si d'ailleurs, dans le but de rendre comparables les résultats, il avait à survenir une entente au sujet de la forme, des dimensions et des modalités d'application des *couteaux dynamométriques,* on ne serait pas même bien sûr que l'instrument puisse permettre de relever des *chiffres conventionnels* suffisants, pour juger comparativement l'une des qualités mécaniques des terres. En effet, l'effort appliqué pour traîner le couteau (et qui, à ce qu'on prétend, divisé par la longueur active du tranchant, peut représenter la *ténacité),* doit vaincre dans le sol des résistances diverses, que l'on peut classer en deux catégories :

a) Résistance de séparation de la terre *dans le plan de division,* due à la cohésion ou contexture dans ce plan, ou bien aux actions de séparation, brisement, déplacement qu'exerce *devant elle* l'arête du coin sur les éléments granulaires ou fibreux du sol.

b) Résistance due au frottement, à l'adhérence de la terre *sur les flancs du coin,* et due aussi aux actions de compression, de déplacement, d'écrasement exercées par les mêmes flancs.

Maintenant, si l'ensemble des résistances de la première catégorie peut être envisagé comme représentant la *ténacité* ou *cohésion* (dans

---

(1) V. Giordano. *Considerazioni e proposte intorno alla determinazione di alcune caratteristiche fisico-meccaniche del terreno e allo studio dell'aratro.* Milan, 1907, p. 6.

le sens agronomique, c'est-à-dire en considération de la nature spéciale du matériel constituant le sol), il est évident que l'ensemble des résistances de la deuxième catégorie n'a aucun rapport avec la ténacité : ce sont des résistances qui changent, en modifiant la largeur des faces, leur forme, etc.

C'est bien vrai qu'on ne sait jusqu'à présent comment peut varier la susdite *ténacité* en changeant l'angle du tranchant (1) ; mais si on ajoute à la ténacité l'effort qui correspond aux résistances de la deuxième catégorie, évidemment sa valeur sera *faussée*, parce que les résistances des deux catégories changent d'une terre à l'autre tout-à-fait indépendamment, c'est-à-dire, d'une manière différente.

Il est bien vrai aussi qu'on ne peut songer à obtenir des valeurs *absolues*, mais les chiffres que l'on retient comme des valeurs *relatives* de la ténacité doivent être, pour autant que c'est possible, correspondants à la signification qu'on veut et qu'on peut attribuer au caractère *ténacité;* s'il y a pour les terres une certaine indétermination ou ambiguïté dans la signification ou la nature de cette qualité, on ne voit pas la raison de l'augmenter en composant la ténacité avec des actions mieux connues et que l'on peut mesurer séparément (frottement, adhérence, etc.).

Seulement si on se rapproche de sa définition idéale, il est possible aussi d'espérer que la valeur de la *ténacité* puisse se regarder comme l'expression d'une qualité caractéristique du sol, indépendamment des qualités propres à l'instrument de mesure ou propres à la pièce travaillante de la machine (2). Et seulement à cette condition (réalisée autant qu'il est permis par la composition et la structure de certaines qualités de sol), on peut espérer que la valeur de la ténacité puisse aider dans l'*analyse* des conditions de fonctionnement des organes opérateurs des machines, et par conséquent à leur étude moins empirique et à la discussion comparative des résultats des essais effectués dans des terres différentes.

---

(1) On a affirmé parfois que la terre est une substance tellement peu homogène que l'angle du tranchant n'influe pas sur l'effort de traction exigé par un coutre ; que l'épaisseur et l'enfoncement de la lame agissent seuls sur cet effort. L'exactitude de ces propositions, non pas au point de vue de la construction des charrues, mais à l'égard de la définition des qualités des terres, doit être encore vérifiée.

(2) *Cfr.* Giordano, *l. c.* p. 5-7.

Si quelquefois les résultats obtenus avec la bêche dynamométrique et ses dérivés ont été utilisés avec succès dans ce but, c'est peut-être la conséquence du seul hasard (1).

II

La détermination des efforts qui agissent sur le coin, groupés suivant les deux catégories a et b spécifiées plus haut, peut se faire *en laboratoire* et sur des mélanges spéciaux, dans les deux manières suivantes.

1° De l'effort *total* de pénétration du couteau on retranche l'effort pour la pénétration du même couteau dans la masse de terre préalablement taillée suivant le plan qui sera parcouru par le tranchant (fig. 1) (2). Le résultat mesure l'ensemble des résistances groupées

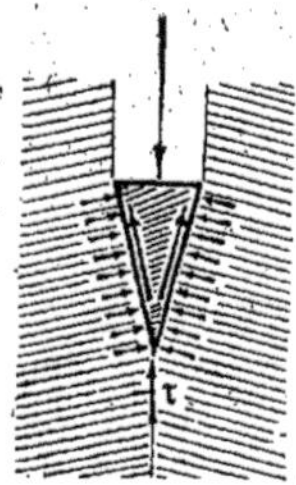

Fig. 1.

(1) Au sujet des calculs classiques du Comte De Gasparin établis en vue de relier les résultats de la bêche dynamométrique aux résultats des essais des charrues, M. Ringelmann (Rapport précité, p. 92-93) en 1902 écrivait :... je dois avouer qu'enthousiasmé par cette méthode élégante, je repris les expériences tant à Grand-Jouan qu'à Grignon et il n'y a pas lieu de m'étendre ici sur les résultats malheureux de ces recherches : dans les conditions les plus favorables, j'obtenais avec la bêche dynamométrique des chiffres variant dans le rapport de 1 à 2 ou à 3, *et il était impossible de les relier aux tractions relevées par le dynamomètre enregistreur.* La première difficulté est réduite avec le coutre appliqué à un chariot (voir *Niccoli*, *l. c.*, p. 105), mais non pas suffisamment la seconde.

(2) On ne décrit pas ici les dispositifs et manipulations adoptés pour réaliser le procédé ; le moyen de choisir la largeur et de porter la masse de terre (usage des *explorateurs de pression*), de la diviser (feuille très mince de laiton appliqué au tranchant et qui se retire au fur et à mesure que le couteau avance), etc.

sous *a* : c'est *l'effort de pénétration* ou de tranche τ des technologistes (voir Codron, Demuth, etc.) ou bien la *ténacité* des agronomes.

2° Le couteau *A* (fig. 2), est formé de deux lames amincies

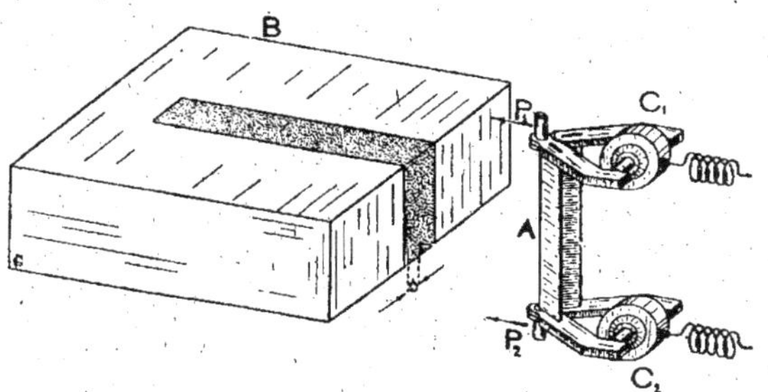

Fig. 2.

suivant l'arête commune et recouvertes d'une très mince feuille métallique : les deux lames, qui présentent une certaine mobilité autour de l'arête, se prolongent par des bras qui appuient sur des boîtes dynamométriques C_1 et C_2 (1), réunies par de fins tuyaux à un ou plusieurs manomètres indicateurs ou enregistreurs. L'effort total de pénétration du coin, qu'on mesure avec un dynamomètre quel-

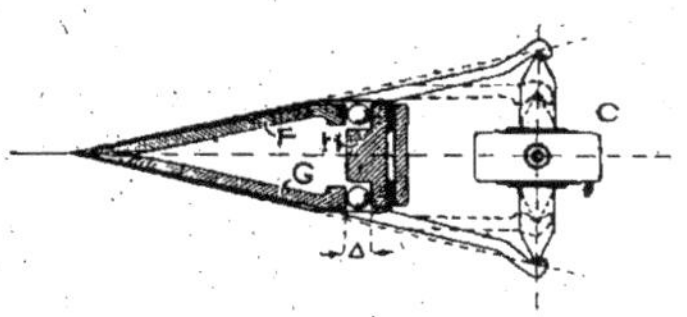

Fig. 3.

conque (une bascule, dans le premier dispositif réalisé par l'auteur) est en équilibre avec la ténacité τ et les actions qui s'excercent sur les faces du coin (pression, frottement), voir fig. 3 et 4 : de l'équation d'équilibre — renseignée par l'auteur dans les *Rendiconti della*

---

(1) Voir Giordano. — *Le ricerche sperimentali di Meccanica agraria*, 1906, p. 132 ; et notamment la communication présentée au II[c] Congrès international de Mécanique agricole (Wien, mai 1907) sur *Einige neue Dynamometer besonders angewandt an das Studium der landw. Maschinen.*

Real Accademia dei Dincei, 1910, p. 812 et suiv. — on déduit τ en connaissant le coefficient de frottement f; ou mieux, par la répétition de l'essai en disposant les deux lames sous angles différents, on établit plusieurs équations analogues dont il est facile de tirer le coefficient de frottement et se rendre compte des variations de τ avec l'angle du tranchant, etc.

On voit que la possibilité de construire *ce coutre dynamométrique analysateur* résulte de l'application des dynamomètres presque

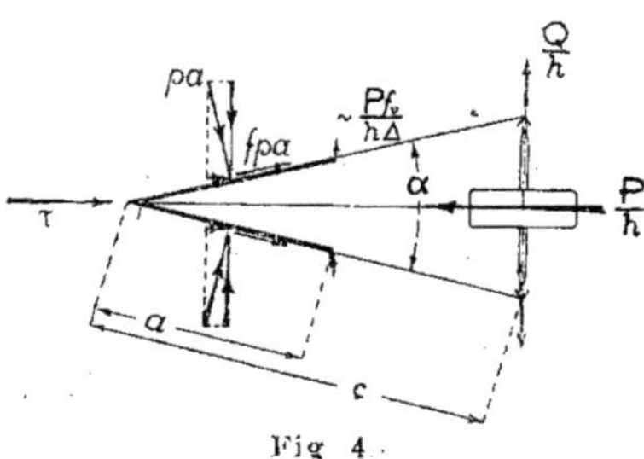

Fig 4

anélastiques, dont l'auteur a présenté au Congrès de Vienne en mai 1907, pour la première fois, l'application aux essais de traction (1). Plus récemment l'auteur a réussi à simplifier beaucoup l'appareil et à éliminer l'effet perturbateur des changements de température par une disposition qui sera décrite lorsqu'on publiera tous les détails de l'appareil, puisqu'ici il faut se borner à l'exposé du principe.

---

(1) Le dynamomètre Amsler-Laffon qui a été décrit par le Professeur Nachtweh dans *la Fühling's landw. Zeitung*, 1905, p, 769 et qu'il a cité dans une note adjointe à la publication de l'auteur dans les *Mitteilungen des Verbandes landw. Maschinen-Prüfungs-Anstalten*, 1908, p. 15, n'est pas à *boîte dynamométrique* mais *à piston*, ce qui est une chose tout à fait différente.

L'auteur est bien heureux que son idée ait été suivie dans ces dernières années par les constructeurs des dynamomètres adoptés pour les essais des machines agricoles, notamment au cas des instruments les plus puissants. Voir le livre de l'auteur sur *La Meccanica agraria al l'Esposizione internazionale di Bruxelles 1910. Annali del Ministero di Agricoltura, Industria e Commercio*, p. 120-121 (à propos d'un dynamomètre Richard) et 125-128; Dr Bernstein. — *Messinstrumente zur Untersuchung von Motorpflügen. — Der Motorwagen*, 1912, n° 13 (à propos d'un dynamomètre Bernstein-Polikeit).

Fig. 5.

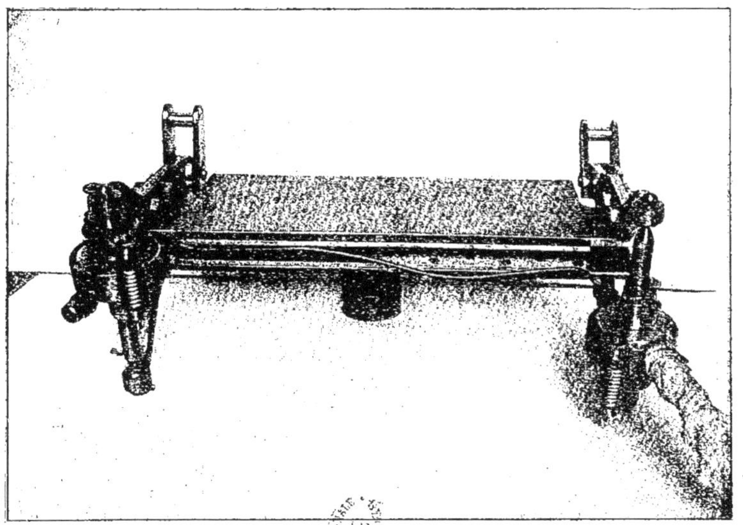

Fig. 6.

III

Les recherches sont à présent commencées en *laboratoire* (on voit fig. 5 et 6 les dispositions adoptées). En effet, dans ces recherches peu faciles il est évidemment nécessaire d'affronter les difficultés une à une : avant tout, les formes de l'instrument de mesure ; après, les premières études de ces phénomènes si peu connus dans les cas les plus faciles, sur des mélanges homogènes bien définis ou *terres artificielles* (1) ; et enfin, selon les résultats auxquels on sera parvenu, les essais dans les *terres naturelles*.

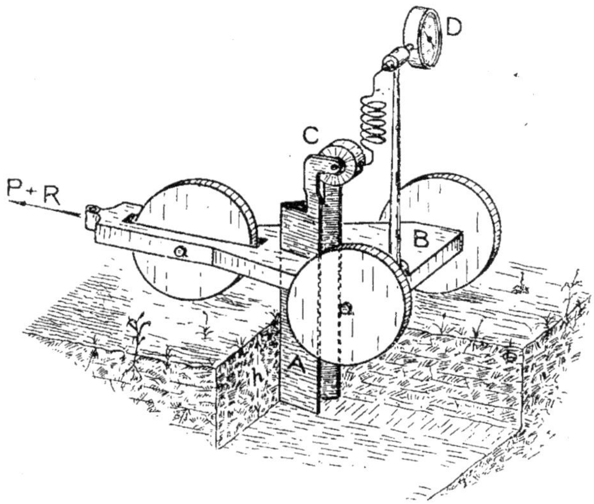

Fig. 7.

Pour les essais de cette dernière classe — autant que pour arriver à un instrument simple et pratique, d'un usage courant pour le spécial essai des terres avant et après l'essai de chaque machine — il faudra construire un *chariot porte-coutre analysateur* (fig. 7 en donne un *schéma*, pour fixer les idées). Le coutre devra être

---

(1) L'étude préalable des machines agricoles et avant tout de leurs pièces travaillantes dans les *terres artificielles* a été proposée par l'auteur le 24 sept. 1906

appliqué de façon à pouvoir être descendu plus ou moins dans le sol, afin de relever les variations de t et de f avec la profondeur. Et pour contrôler et mieux étudier ces variations, le coutre pourra être appliqué au chariot, suivant le système à balance imaginé par M. l'ingénieur Ceresa-Costa et réalisé par le Bureau technique de la Federazione Italiana dei Consorzi Agrari (1), système qui donne la possibilité de déterminer la position de la résultante des résistances agissant sur le coutre (il faudra néanmoins modifier la dite disposition en substituant au dynamomètre élastique une boîte dynamométrique ou autre appareil rigide). Enfin, mieux que sur chariot spécial, le coutre analysateur sera monté sur un *chariot dynamométrique* avec enregistreur à liquide, tel par exemple celui que l'auteur a construit depuis quelques années suivant les principes exposés dans sa communication précitée au Congrès de Vienne 1907 (2) : le même chariot permettra la détermination de quelques qualités qui caractérisent le sol et après il permettra l'exécution de l'essai dynamométrique de la machine à la même vitesse — ou bien les deux déterminations pourront se faire continuellement avec deux enregistreurs ou plus.

Il est bien évident qu'il ne sera jamais possible de faire la

---

en séance de clôture du VI Congresso delle Cattedre Ambulanti d'Agricoltura (Piacenza) — v. *Giornale d'Agricoltura della Domenica*, 30 settembre 1906.

Le 29 septembre 1906, l'auteur adresse à ce sujet une communication détaillée au Dr Giovanni Raineri, ancien Ministre de l'Agriculture, communication publiée peu après (v. Agricoltura Moderna 1907 — N. 16, 17, 18). Enfin en 1907 l'auteur publia le projet du dispositif d'essai, qui devrait constituer une section importante des stations d'essais de machines agricoles (*Per un Istituto Sperimentale di Meccanica Agraria in Italia*).

Après, le Prof. Puchner a soumis à ce sujet des conclusions au IIe Congrès international de Mécanique agricole (Wien 1907), dans son rapport : *Prüfung von Bodenbearbeitungsgeräten* et la proposition a été envisagée comme très importante pour les progrès dans la théorie et dans la pratique. Si on devait renoncer à ces études, si on ne pouvait tirer de la méthode des conclusions exactes, il sera bon de se remettre aux comparaisons simultanées avec les résultats des *machines types* (p. ex. charrues types), proposées par l'auteur en 1906 (v. *Considerazioni e proposte, ecc.* p. 5-7 et aussi la précitée *Agricoltura Moderna*), et après par Kühne au Congrès de Vienne 1907 (Rapports, T. I., p. 305).

(1) V. Dr G. C. PAMPARI, *Lo studio dell'aratro*, Piacenza 1906.

(2) V. aussi : GIORDANO, La *Meccanica Agraria all'Esposizione Internazionale di Bruxelles* 1910 — *Annuali del Ministero di Agricoltura* 1911, p. 125-128.

recherche décrite dans tous les terrains : la conception théorique de la ténacité se rapporte aux conditions d'avancement d'un couteau bien affilé qui s'avance dans une pâte homogène formée de tous petits éléments. La terre végétale n'est jamais comme cela : néanmoins, pour la conception de la ténacité en regard des fonctions des pièces travaillantes des machines, il faut bien distinguer *l'action du tranchant, de l'action des faces.*

Voici les raisons qui encouragent à continuer ces études : elles abordent seulement d'un côté le problème de la détermination des qualités des terres au point de vue de la mécanique agricole et bien que la voie en soit tracée, les efforts d'un seul modeste laboratoire privé ne pourront permettre de la parcourir que très lentement.

Conclusions.

1. On doit s'efforcer à éliminer tout ce qui peut se soustraire à l'empirisme, aux conventions dans la définition et la détermination des qualités physiques caractérisant les terres.

2. Puisque l'amélioration et l'unification des méthodes de détermination des qualités caractérisant les terres est d'importance fondamentale et générale pour tirer bon profit des essais des machines agricoles et enfin pour les progrès de ces machines — puisque d'autre part les recherches dont il est question demandent une activité collective — et qu'inévitablement un côté empirique, conventionnel restera dans plusieurs des dites déterminations — il est à désirer que ces études soient suivies sous les auspices et par les soins d'une Commission officielle, internationale et spéciale.

Le problème de la roue des tracteurs

par **W. GORJATSCHKINE**

Professeur à l'Institut Agronomique de Moscou.

Tout instrument nouveau doit être basé sur une idée nouvelle, toute originale et spécialement appropriée pour le problème donné, sans quoi nulle invention ne peut réussir. C'est ainsi, par exemple, que restèrent sans succès d'innombrables tentatives pour réaliser la machine à vapeur à piston rotatif, jusqu'au jour où Laval réalisa sa turbine, basée sur des principes nouveaux et originaux, inconnus jusqu'alors. Ainsi l'action des roues de la bicyclette actuelle n'a rien de semblable avec celles des véhicules. On peut faire les mêmes observations maintenant à propos de différentes constructions de tracteurs. Aucun de ces systèmes n'a un succès bien défini et ils ne peuvent réussir. Sans nul doute, le point fondamental de chaque tracteur est son organe moteur : la roue; mais, baser la force motrice du tracteur sur la force d'accrochement de la jante de la roue avec la terre, ne montre que l'impuissance des constructeurs qui, en fait d'inventions nouvelles, prennent comme base les idées anciennes.

En effet, pour obtenir une adhérence suffisante avec la terre, le poids du tracteur doit être considérable, mais l'augmentation de poids fait croître la résistance que le tracteur éprouve pour son avancement propre. Ainsi se combattent et sont en opposition la résistance et la force motrice. En somme, la réception de la force motrice au moyen de la roue ne peut être considérée comme pratique, qu'à la condition que cette force soit faible, comme, par exemple, dans les faucheuses, où cependant le glissement de la roue peut être observé facilement.

Ce qu'on a désigné par la roue est un organe approprié à surmonter les obstacles qu'on rencontre et non à réaliser une force motrice. En quoi consistent la force de la roue et son principe? Pour franchir un obstacle quelconque, on place en avant un bâton et à l'aide d'un faible effort, on transporte le poids du corps déjà considérable, ce qui s'explique par la simple loi du levier. Une rangée de bâtons, sortant en rayons du centre de gravité d'un corps, rend le déplacement périodique et successif du corps possible, surmontant les obstacles à l'aide d'efforts faibles. Une rangée de bâtons, formant jante, engendre le roulement continu. Ainsi, la roue n'est qu'un levier continuellement actif pour surmonter les obstacles placés devant elle et elle n'est point adaptée à engendrer une force motrice et à surmonter la force la tirant en arrière.

Chaque rais de la roue est comme le pied d'un homme, porté en avant. A l'aide de ce pied, l'homme déplace son corps en avant, le soulevant un peu ; mais l'impulsion active vient du pied placé en arrière. Ainsi la roue remplit la même fonction que le pied de devant et la surface externe de la jante ne peut remplir assez parfaitement la fonction de l'autre qu'en cas de résistance faible.

Mais il y a d'autres constructions (Hoskyns, Cooper qui, déjà créées en 1850, sont les précurseurs, comme la turbine d'Héron précède la turbine de Laval) où la partie travaillante est mise derrière la roue de marche. Ici la résistance de la partie travaillante se montre en même temps comme force motrice, poussant la roue en avant et remplaçant de la sorte la fonction du pied placé en arrière. Cette réalisation ancienne se rapproche déjà de la solution du problème, mais les constructions basées sur ces principes sont encore loin de la solution complète (comme on le voit dans les figures simples 1 et 2) mais peuvent s'appliquer avec succès aux instruments cultivateurs, remplaçant les charrues à versoir, mais à la condition de rejeter le système actuel de labour par retournement des couches.

En outre, ces tracteurs ne peuvent être universellement adoptés pour actionner les autres machines, par exemple les lieuses, etc. Du moment qu'on supprime la possibilité de creuser derrière la roue, le tracteur reste dépourvu de force, car la force motrice de cette roue n'est pas considérable.

Ainsi le problème présent posé aux constructeurs et inventeurs sera de créer un organe qui rendrait continu l'effort du pied posé en arrière, mais aussi originalement que la roue actuelle remplace, pour les véhicules, l'effort du pied placé en avant, que l'hélice d'un bateau à vapeur est substituée aux rames et que le propulseur d'un aéroplane aux ailes de l'oiseau.

W. Gorjatschkine.

Renseignements bibliographiques de Génie rural.

Vœu proposé par M. le Professeur W. Gorjatschkine.

Pour ceux qui s'occupent de recherches scientifiques, il est indispensable qu'ils possèdent les renseignements bibliographiques sur tout ce qui se fait dans les autres pays.

La plupart des chaires de Génie rural et les stations d'essais de machines agricoles groupent et classent les divers articles de revues et journaux scientifiques, les relations des travaux et recherches, mais tous ces efforts isolés ne peuvent obtenir qu'un succès partiel.

Il nous paraît intéressant de chercher les voies et moyens pour grouper toutes ces initiatives et ces travaux individuels et de proposer la création d'un organisme international permanent, enregistrant tout ce qui se publie ou est déjà publié en fait de Génie rural, pour le porter à la connaissance de ceux que ces recherches intéressent.

Moscou, le 10-19 mars 1913.   W. Gorjatschkine.

L'exploitation des hautes tourbières
dans les provinces de Groningue et de Drenthe

par M. J. ELEMA
Professeur d'agriculture de l'État pour la province de Drenthe.

Il est encore possible aujourd'hui, mais plus pour longtemps, d'étudier aux Pays-Bas un terrain de hautes tourbiè-
des qui a conservé à peu près son caractère primitif. C'est
dans la région la moins accessible des vastes hautes tourbières du coin Sud-Est de la province de Drenthe qu'il faut
le chercher. Nul chemin primitif n'y conduit; on n'y voit pas
non plus de champs de sarrasin avec leurs rigoles pour la
décharge des eaux. La structure particulière des éminences
formées çà et là par la tourbe, les mousses plantureuses qui
tapissent les fonds humides ainsi que les bords des petits lacs
de tourbières présentent un tableau suffisamment caractéristique de la genèse de ces tourbières. Pour peu qu'on parcoure
cette région dans une période d'humidité, on pourra se faire
une idée du peu d'accessibilité de ces terrains, qui occupaient
jadis une grande partie des provinces de Groningue et de
Drenthe.

Ce coin perdu ne restera plus guère à l'état de nature. Si
jusqu'ici il a été impossible aux paysans de Nieuw Schoonebeek d'y pratiquer le procédé de l'incendie des bruyères pour
la culture de leur sarrasin, les canaux grands et petits pour
l'exploitation de la tourbe ne tarderont pas à y pénétrer; on
évacuera les eaux superflues, on saignera et l'on asséchera les
lacs. Ainsi les couches de tourbe d'une épaisseur de plus ou
moins 4 mètres perdront une bonne part des eaux qu'elles
contiennent, ce qui les fera se rétrécir, la végétation se modi-

fiera, bref, c'en sera fait, à tout jamais, des derniers restes des hautes tourbières à l'état primitif.

Tout le reste des hautes tourbières, qu'on rencontre encore essentiellement dans les communes d'Emmen et de Nieuw Schoonebeek, a déjà été une ou plusieurs fois exploité par voie d'incendie, pour la culture du blé sarrasin. Le creusement de rigoles, que comporte ce procédé, a rendu impossible la croissance de la mousse. Il est vrai que l'invasion des bruyères et autres plantes, qui se sont substituées à la mousse, peuvent, théoriquement, contribuer tant soit peu à la formation de tourbe; mais, ces résidus de plantes mortes sont minimes comparativement à ceux que laisse la mousse, de sorte que, pratiquement, l'accroissement de la couche de tourbe a cessé; c'est un objet mort.

Jadis, la culture du sarrasin sur les tourbières, préalablement brûlées, avait une grande importance économique, et les paysans circonvoisins savaient tirer de riches revenus de ces vastes terrains considérés alors comme sans valeur; mais, depuis que les récoltes ont sensiblement diminué, par suite de l'épuisement des matières fertilisantes sur un sol exploité plusieurs années consécutives, lequel épuisement coïncidait avec le renchérissement de la main-d'œuvre et l'instabilité des cultures, on peut dire que ce procédé de culture a vécu, et, qu'en tout cas, il a perdu toute valeur économique.

En Allemagne spécialement, on a tenté de remplacer la culture du sarrasin sur les hautes tourbières par un mode d'exploitation agricole, entièrement basé sur l'application d'engrais chimiques et l'emploi de machines agricoles. Malgré les propriétés très spéciales de ces terrains, grâce aux expériences de la Moorversuchsstation, à Brême, on a réussi à triompher des difficultés qu'ils présentaient et à fonder, sur les hautes tourbières non-déblayées, des colonies agricoles où l'on opère suivant les procédés de culture modernes. Bien qu'on soit encore très loin d'y avoir atteint la réalisation d'une exploitation agricole florissante des hautes tourbières, il y a tout lieu d'espérer qu'avec le temps on se rapprochera de cet idéal. Chez nous, l'exploitation moderne des hautes tourbières n'a jamais pris un développement de quelque importance, ce qui tient à ce fait que toutes les tourbières y sont fatalement destinées à être exploitées pour la fourniture de combustible. Dans ces circonstances, la culture sur hautes tourbières aurait nécessairement un caractère éphémère; et, ni l'Etat, ni les particuliers, n'auraient intérêt à forcer une culture destinée à disparaître devant l'exploitation des tourbières.

De ce que dans notre pays diverses industries, notamment les briqueteries, les fours à chaux et les verreries, sont aménagées pour l'emploi exclusif de la tourbe comme combustible, et de ce que cette tourbe peut être amenée à peu de frais jusqu'au lieu de consommation, il résulte que l'industrie tourbière reste encore toujours florissante, malgré la concurrence de la houille, à tel point que d'ici 50 ans, 100 ans au plus, les gisements de tourbe auront été complètement épuisés.

Actuellement, c'est la commune d'Emmen qui est le centre de l'exploitation des tourbières; chaque année, pendant quelques mois, l'extraction de la tourbe y provoque une grande animation et y attire d'un peu partout des quantités d'ouvriers soucieux de se livrer à un travail pénible, mais lucratif. D'ailleurs, ce n'est pas l'extraction seule de la tourbe et sa manipulation ultérieure, mais aussi le creusement de canaux qui exigent beaucoup de bras et intéressent nombre de familles d'ouvriers. Mais cette population est peu sédentaire et se déplace avec les progrès que fait l'exploitation des tourbières. Il va sans dire que cette accumulation de travailleurs, auxquels il faut ajouter les nombreux bateliers-transporteurs, attire à sa suite toutes sortes de petits industriels et boutiquiers. Aussi, on voit bientôt surgir des églises et des écoles, des routes se construisent, et, au bout de quelques années, des villages florissants s'élèvent là où naguère n'existait qu'un terrain inculte et désert. Toutefois, cette prospérité résultant de l'exploitation des tourbières ne va pas sans entraîner, pour les communes intéressées, des frais considérables pour la construction d'écoles, l'empierrement des routes, la participation éventuelle au capital-actions affecté à la construction de trámways, etc., toutes dépenses qui ne trouveront leur plein remboursement qu'après l'achèvement des travaux d'extraction de la tourbe, c'est-à-dire à l'époque où la région aura été transformée en une colonie agricole, comportant diverses entreprises industrielles plus ou moins en rapports étroits avec elle.

La réussite de l'exploitation des terrains tourbiers, aussi bien que la prospérité de la colonie agricole qui s'y installera plus tard, dépendent au plus haut point de la façon dont l'opération a été entamée. C'est pourquoi, préalablement aux premiers travaux d'attaque d'une tourbière, il se constitue un « waterschap », organisation à qui incombera le régime des eaux, et il est dressé un plan d'exploitation. Conformément à ce plan, et, après son approbation par les autorités provinciales, le terrain, en tenant compte des intérêts des tourbiers comme des agriculteurs, est divisé en parcelles régulières (par la force des circonstances, et donc sans mesures légales, on a recours à cet effet à un lotissement comportant des échanges), on arrête l'emplacement et la direction des canaux principaux, des canaux latéraux et des chemins, ainsi que leurs dimensions, on désigne les points où seront construits des ponts et des écluses, etc. L'administration du « waterschap » veille à ce que le dit plan soit strictement exécuté et il en résulte, en fin de compte, un aménagement spacieux et bien compris de la nouvelle colonie de tourbières, comme on peut s'en convaincre en étudiant toute carte tant soit peu détaillée des régions en question. Dans ce cas aussi, l'expérience s'est montrée la meilleure des maîtresses. Nombre de colonies de tourbières, aménagées dans les siècles passés, sont entravées encore aujourd'hui dans leur développement, pour ne pas avoir procédé suivant un système déterminé; en effet, souvent on n'y a laissé que trop peu ou pas de place pour la construction de bons chemins ou même d'habitations convenables.

Déjà pendant les travaux d'exploitation d'une tourbière on voit l'agriculture à l'œuvre. Si, il y a environ un quart de siècle, le sol subjacent des tourbières n'avait relativement que peu de valeur, sa mise en culture après l'extraction de la tourbe dépendant absolument de la quantité disponible du compost amené de la ville, la situation changea du tout au tout lorsqu'on appliqua les engrais chimiques. Comme la quantité dont on pouvait disposer était illimitée, on ne se trouva plus borné dans l'étendue des terrains à mettre en exploitation; en outre, avec des résultats au moins égaux, les dépenses étaient sensiblement moindres. Ce fait, coïncidant avec la hausse des produits, ainsi que celle des terrains, a eu pour effet de faire suivre pas à pas l'extraction de la tourbe par l'exploitation agricole.

La technique de la mise en culture du sol, ainsi mis à nu, est théoriquement des plus simples. A cet effet, après l'enlèvement des couches de tourbe ferme éventuellement rencontrées, ainsi que des déchets de tourbe, racines et éminences de sable, la « bonkaarde » ainsi dégagée, et qui consiste en la couche supérieure et molle du gisement de tourbe — laquelle est impropre à la préparation de tourbe combustible — est répandue et répartie également sur le terrain. Lorsque survint la fabrication industrielle de la tourbe-litière, on craignit avec raison qu'elle n'accaparât sur certains terrains toute la tourbe légère indispensable à la préparation de terreau; c'est pourquoi les autorités provinciales de Groningue et de Drenthe arrêtèrent des ordonnances prescrivant l'obligation de laisser intacts au moins 50 centimètres de la couche supérieure de tourbe. Après le nivellement de la « bonkaarde », on en recouvre la surface d'une couche de sable de 10 centimètres en moyenne d'épaisseur, lequel sable provient généralement des canaux et fossés creusés préalablement à la mise en exploitation de la tourbière; sinon, on la retire d'un monticule de sable voisin, ou, au besoin, on l'amène d'ailleurs par barque. Après que le sable a été mélangé à la « bonkaarde », on répand au-dessus les engrais chimiques et, dès lors, le terrain est prêt pour la première culture, qui est généralement celle de la pomme de terre. Bien que le sol ainsi formé gagne encore beaucoup en fertilité dans le cours des années par un mélange complet de ses éléments, ainsi que par l'emploi d'engrais divers, et devienne ainsi un humus des plus riches, il se prête pourtant dès l'origine, et admirablement, à la culture des produits les plus variés, donnant de sûrs et gros rendements.

De ce qui précède, il résulte que cette méthode. dite groningoise, d'exploitation des terrains de tourbières, comporte nécessairement l'extraction préalable des gisements de tourbe. Cette nécessité ne présente qu'un seul désavantage, à savoir que l'agriculture ne peut entamer ses travaux qu'après l'extraction de la tourbe; en revanche, elle a d'autre part de précieuses conséquences économiques. En effet, outre que l'extraction de la tourbe fait entrer dans la circulation un énorme capital mort, tant que les gisements restaient inexploités, elle permet à l'agriculture de profiter grandement des voies aquatiques et terrestres établies pendant et pour cette extraction. Le réseau très serré de canaux permet au laboureur d'atteindre par eau chaque parcelle de son terrain, d'y apporter et d'en emporter commodément des matières volumineuses. En outre, la population dense des colonies de tourbières, avec ses nombreuses industries, son commerce et sa navigation animés, constitue un excellent débouché pour les divers produits agricoles. Le mélange de sable et de « bonkaarde », lequel n'a pu être appliqué qu'après l'enlèvement des couches épaisses de tourbe, constitue un terrain qui, aux points de vue physique, chimique et bactériologique, l'emporte de beaucoup sur le sol des hautes tourbières exploité tel quel.

Bien que, comme nous l'avons dit ci-dessus, cette terre défrichée — qu'on appelle chez nous terre des vallées — se prête à la culture de presque tous les végétaux, les pommes de terre, destinées à la fabrication de la fécule, l'avoine et le seigle sont les trois produits principaux sur lesquels repose l'exploitation agricole des colonies de tourbières. Dans le fumage, ce sont les engrais artificiels qui jouent le rôle principal. On admet qu'il se consacre en moyenne par année et par hectare 100 florins à ce fumage. On y rencontre, à côté des fabriques privées de fécule de pommes de terre et de carton de paille, de nombreuses fabriques coopératives similaires. Les 12 fabriques coopératives de fécule ont manipulé en 1911 près de quatre millions d'hectolitres de pommes de terre. Dans les colonies de tourbières, l'agriculture s'est complètement industrialisée, et, dans les dernières années, elle jouit d'une prospérité inouïe. Aussi, le loyer et le prix des terres y ont énormément haussé, ce qui a eu deux conséquences :

1º que nombre de jeunes laboureurs entreprenants, mais ne disposant que de peu de capital, émigrent vers d'autres régions à tourbières plus à l'écart, et ne tardent pas à y développer une vie agricole animée; 2º que, surtout dans les anciennes colonies de tourbières, on se livre de plus en plus à la culture intensive de produits et semences horticoles.

Après notre excursion dans les terrains tourbeux, presqu'encore vierges du Sud-Est de la province de Drenthe, nous avons donc fait connaissance avec l'exploitation des hautes tourbières dans sa première période, puis nous avons vu ce qu'on a fait dans la nouvelle période, pour finir par décrire succinctement les anciennes colonies agricoles, y compris Zuidbroek. Sans doute, la grande prospérité que nous avons constatée dans la région des hautes tourbières de Groningue et de Drenthe doit être attribuée en grande partie à l'influence énergique exercée par la municipalité de Groningue, à l'emploi d'abord du compost de la ville, puis des engrais chimiques, à l'établissement de diverses industries, à l'esprit coopératif de la classe rurale, au débit avantageux de la tourbe et des produits agricoles, ainsi qu'à bien d'autres facteurs encore; mais il convient aussi de relever la part qui revient dans ces succès à l'énergie des habitants. Aussi, ce n'est pas sans un sentiment de satisfaction et de fierté nationale que nous comparons nos colonies de tourbières avec celles des pays voisins.

Assen, décembre 1912.

Schets van de hoogveenexploitatie in de provinciën Groningen en Drenthe.

door **M. J. ELEMA**

Rijkslandbouwleeraar voor Drenthe.

Hoewel ternauwernood, zoo is het nog mogelijk ook in Nederland een stuk hoogveen te bestudeeren, hetwelk nog nagenoeg in den oorspronkelijken oertoestand onaangeroerd is gebleven. Het is het minst toegankelijk gedeelte van het groote hoogveencomplex in den Zuid-Oosthoek der provincie Drenthe. Geen primitieve veenweg leidt er heen, geen greppels van boekweitakkers bevorderen eenigermate den water-afvoer. De eigenaardig gevormde veenkoppen op sommige plaatsen, de welige veenmosgroei op de natste plekken en aan de randen van de typische hoogveenmeertjes of « meer-stallen » geven ons nog een vrij duidelijk beeld van de vor-mingsgeschiedenis onzer hooge venen, terwijl een tocht door deze streek in eene eenigszins natte periode meer dan vol-doende is om eene voorstelling te verkrijgen van de ontoe-gankelijkheid van de hooge venen, welke vroeger een groot deel van Groningen en Drenthe bedekten.

Lang zal echter ook dit verloren hoekje niet meer in den natuurstaat blijven. Is de brandkultuur voor den boekweit-verbouw der boeren van Nieuw-Schoonebeek tot nog toe op dit terrein onmogelijk geweest, de waterlossingen, kanalen en wijken ten behoeve der vervening zullen binnen kort ook tot hier doordringen. De meerstallen zullen worden afgetapt, de min of meer 4 meter dikke veenlagen zullen een groot deel van het water verliezen en daardoor inkrimpen, de planten-groei zal zich wijzigen, in 't kort het laatste restje van hoog-veen in oorspronkelijken toestand zal daarmede verdwenen zijn.

Al het overige nog aanwezige hoogveen, dat voornamelijk in de gemeenten Emmen en Nieuw-Schoonebeek wordt aangetroffen, is in den loop der jaren reeds eens of meerdere malen voor den veenboekweitverbouw gebrand. De daarvoor noodige begreppeling der venen heeft de veenmosgroei onmogelijk gemaakt. Niettegenstaande ook de daarvoor in de plaats getreden struikheide en begeleidende planten theoretisch iets tot de veenvorming zullen bijdragen, is de massa der doode plantenresten toch zeer gering in vergelijking met die der mossen; praktisch heeft de diktegroei van het veen opgehouden; het veen is een dood object geworden.

In vroegere jaren had de brandkultuur in de venen eene belangrijke economische beteekenis. De verbouw van veenboekweit was het middel, voor de veen- en omwonende zandboeren, om uit de groote toenmaals waardelooze veencomplexen rijke inkomsten te trekken. Sedert echter de oogsten sterk zijn gedaald doordat, bij gebrek aan oorspronkelijk nog niet gebrand veen, dezelfde terreinen meerdere malen gebruikt moesten worden, vooral echter ook door de hooge dagloonen in verband met de groote wisselvalligheid der kultuur, behoort de veenbrandkultuur tegenwoordig vrijwel tot de geschiedenis en heeft in ieder geval hare economische beteekenis geheel verloren.

Met name in Duitschland heeft men getracht de boekweitkultuur te vervangen door een landbouwbedrijf op het hoogveen, geheel gebaseerd op de aanwending van kunstmeststoffen en moderne landbouwwerktuigen. Niettegenstaande de zeer bijzondere eigenschappen van den hoogveenbodem, is het door de onderzoekingen van het Moorversuchsstation te Bremen gelukt de moeilijkheden te overwinnen en op het onafgegraven hoogveen landbouwkolonies te stichten volgens de « moderne hoogveenkultuur ». Hoewel men ook daar nog niet in de verste verte bereikt heeft hetgeen men wenscht n.l. een bloeienden landbouw op het hoogveen, zoo bestaat er toch gegronde hoop dit ideaal in de toekomst nabij te komen. In ons land heeft de moderne hoogveenkultuur nimmer eene uitbreiding van beteekenis gekregen. De oorzaak daarvan moet gezocht worden in het feit, dat bij ons alle venen in

afzienbaren tijd geëxploiteerd zullen worden voor de brandturfbereiding. Onder zulke omstandigheden zou de hoogveenkultuur slechts een zeer tijdelijk karakter behouden en
bestond er noch voor den Staat, noch voor de praktijk groote
drang tot het tijdstip der vervening het landbouwkundig
gebruik der venen te forceeren.

Doordat in ons land verschillende industrieën (steenfabrie-
ken, kalkbranderijen, glasfabrieken, enz.) geheel zijn in-
richt op het gebruik van turf als brandstof, wijl ook deze turf
op goedkoope wijze langs kanalen en rivieren van uit de venen
naar de verbruiksplaatsen vervoerd kan worden, is in onze
venen, niettegenstaande de concurrentie met de steenkool,
nog altijd eene bloeiende turfindustrie mogelijk, zoodat het
voor de nog aanwezige venen slechts eene kwestie van eene
halve of heele eeuw is, dat ook zij afgegraven zullen zijn.

Het centrum van de vervening ligt tegenwoordig in de
gemeente Emmen. In deze streken brengt het turfgraven
jaarlijks gedurende eenige maanden leven en beweging. Van
heinde en ver trekken seizoenarbeiders uit andere streken van
ons land naar de venen om gedurende korten tijd met zwaar
werken eene goede verdienste te vinden. Niet alleen het
graven zelf, doch ook het verdere verwerken van de turf, het
graven der kanalen, enz., eischt veel arbeid, waardoor ook
vele ingezeten arbeidsfamilies in de venen een bestaan vinden.
Al te huisvast is echter ook deze bevolking niet; ze trekt dieper
de venen in al naar mate de vervening verder gaat. Het
spreekt vanzelf, dat de groote arbeidersbevolking en de vele
schippers, weer het vestigen van allerlei neringdoenden tengevolge heeft. Kerken en scholen verrijzen, verkeersmiddelen
worden aangelegd en op de plaats van het vroegere ruwe veen
ontstaan binnen enkele jaren op daarvoor geschikte punten
bloeiende dorpen. Hoeveel welvaart echter de vervening ook
aanbrengt, zoo staan daartegenover toch ook zware offers,
welke van de betreffende gemeenten voor scholenbouw, ver-
harding van wegen, het eventuëel deelnemen in het aandeelen-
kapitaal voor den aanleg van tramwegen, enz., worden
gevraagd, uitgaven, welke pas weer volop aan de gemeen-
schap terugkomen, wanneer de verveningsperiode in hoofd-

zaak zal zijn afgeloopen en de streek veranderd is in eene landbouwkolonie met verschillende meer of minder nauw daarmede samenhangende industrieele ondernemingen.

Het welslagen der gansche vervening, zoowel als de bloei van de latere landbouwkolonie is ten zeerste afhankelijk van den opzet der geheele zaak. Dientengevolge wordt vóór den aanvang van de vervening ván een veencomplex een waterschap opgericht en een plan van vervening opgemaakt. Volgens dit door de provinciale overheid goedgekeurde plan wordt het terrein met het oog op de eischen van vervener en landbouwer in geschikte en regelmatige perceelen verkaveld (eene ruilverkaveling dus welke zonder wettelijke maatregelen door den drang der omstandigheden tot stand komt), de plaats en richting der hoofd- en zijkanalen en wegen bepaald, alsmede hunne afmetingen, de plaats van bruggen en sluizen, enz., enz. Door de zorg van het Waterschapsbestuur wordt aan dit plan streng de hand gehouden, waarvan het resultaat ten slotte is de ruime en doelmatige aanleg van de nieuwere veenkoloniën, waarvan men zich door het bestudeeren van iedere eenigszins uitvoerige kaart van de betreffende streken kan overtuigen. Ook in dezen is de ervaring de beste leermeesteres geweest. Vele oudere veenkoloniën zijn in vroegere eeuwen niet volgens een bepaald systeem aangelegd; het gevolg is geweest, dat er dikwijls te weinig of geene ruimte is gebleven voor het aanleggen van goede wegen, voor eene geschikte plaats der dorpswoningen, enz., fouten, welke dikwijls nu nog hunnen invloed op de ontwikkeling der streek doen gevoelen.

Reeds tijdens de vervening in eene streek, begint ook de landbouw. Had de ondergrond na de vervening vóór ongeveer een kwart eeuw betrekkelijk weinig waarde, was de ontginning en het in kultuur brengen der afgeveende gronden geheel afhankelijk van de beschikbare hoeveelheid stadscompost —, de opkomst der kunstmeststoffen bracht hierin eene geheele verandering. De onbeperkte hoeveelheid dezer meststoffen stelde geen grens aan de grootte der te ontginnen terreinen, de oogstresultaten waren minstens even goed en werden met belangrijk geringere uitgaven verkregen. Dit alles in verband met stijgende producten- en grondprijzen, is oorzaak dat tegenwoordig de vervening op den voet door den landbouw wordt gevolgd.

De techniek van het in kultuur brengen der afgeveende terreinen is theoretisch zeer eenvoudig. Na opruiming en wegnemen van eventuëel aanwezige vaste veenlagen, turfafval, kienhout en zandhoogten, wordt de achtergebleven bonkaarde — bestaande uit de bovenste, losse niet voor brandturfbereiding geschikte veenlaag — op het terrein regelmatig uitgespreid en verdeeld. Toen door de opkomst der turfstrooiselindustrie op sommige terreinen de voor de ontginning onmisbare bonkaarde geheel voor turfstrooiselfabricatie dreigde weggevoerd te worden, werden door de Provinciale Besturen van Groningen en Drenthe verordeningen vastgesteld waarbij het achterlaten van minstens 50 centimeters der bovenste veenlaag verplichtend is gemaakt. Na het effenen der bonkaarde, het z.g. « binnenslichten » wordt de oppervlakte bedekt met eene zandlaag van gemiddeld 10 centimeters dikte. Het benoodigde zand is in den regel aanwezig uit de vroeger ten behoeve der vervening gegraven kanalen en wijken; zoo niet, dan wordt het alsnog gegraven uit slooten of voorkomende zandhoogten of zelfs per schip van andere plaatsen aangevoerd. Nadat vervolgens het zand met een deel van de bonkaarde is vermengd, worden de meststoffen uitgestrooid en is het land gereed met het eerste gewas, in den regel aardappels, beteeld te worden. Hoewel de verkregen kultuurgrond, « dalgrond » genoemd, in den loop der jaren door betere menging, vorming van wilde hummus en rijkelijke bemestingen nog aan vruchtbaarheid wint, is hij toch van den aanvang af bijzonder geschikt voor het voortbrengen van groote en zekere oogsten van de meest verschillende landbouwgewassen.

Zooals uit het bovenstaande volgt is deze methode van veenontginning, de z. g. Groninger dalgrondontginning, onafscheidelijk gebonden aan eene voorafgaande vervening. Mag deze afhankelijkheid in één opzicht ook een bezwaar zijn, wijl de landbouw eerst kan aanvangen na de vervening, ze heeft toch aan den anderen kant zeer groote economische gevolgen. Behalve dat door de vervening het enorme in het veen schuilende doode kapitaal vlottend wordt gemaakt, profiteert de landbouw in hooge mate van de waterwegen en andere verkeersmiddelen, welke ten behoeve van en tijdens de vervening zijn aangelegd. Het dichte net van kanalen stelt den landbouwer in staat elk perceel van zijn terrein te water te bereiken en op gemakkelijke wijze volumineuse grondstoffen aan en producten af te voeren. De dichte bevolking der veenkoloniën met hare talrijke industrieën, en levendigen handel en scheepvaart vormt tevens eene goede afneemster van verschillende landbouwproducten. De bezanding, welke slechts toegepast is kunnen worden nadat de dikke veenlagen door de vervening zijn weggenomen, vormt eenen teelgrond, welke in natuurkundig, chemisch en bacteriologisch opzicht boven den zuiveren hoogveenbodem uitmunt.

Niettegenstaande de dalgrond zich voor den verbouw van nagenoeg alle gewassen leent, zijn de fabrieksaardappels toch, naast haver en rogge, de drie producten waarop het geheele veenkoloniale landbouwbedrijf is gebaseerd. Kunstmeststoffen spelen bij de bemesting de hoofdrol. Men kan rekenen, dat gemiddeld per Hectare jaarlijks een bemestingskapitaal van f 100.— wordt aangewend. Naast de speculatieve bestaan er talrijke coöperatieve aardappelmeel- en stroocartonfabrieken. De 12 coöperatieve aardappelmeelfabrieken verwerkten in 1911 bijna vier millioen Hectoliters aardappels. De veenkoloniale landbouw is in den waren zin des woords een industriebedrijf, dat zich in de laatste jaren in eenen ongekenden bloei mag verheugen. De huur- en verkoopprijzen der landerijen zijn daardoor enorm gestegen, hetgeen eensdeels tengevolge heeft, dat vele jonge ondernemende doch weinig kapitaalkrachtige landbouwers, naar andere meer afgelegen veenstreken trekken en daar leven en beweging op landbouwgebied brengen, anderdeels, dat vooral in de oudere veenkoloniën meer en meer getracht wordt het bedrijf intensiever te maken door allerlei tuinbouw- en zaadkultures.

In het bovenstaande zijn we onze excursie begonnen in het nog nagenoeg oorspronkelijke hoogveen in het uiterste zuidoostpunt van Drenthe. We hebben vervolgens kennis kunnen

maken met de verveningsperiode der hooge venen om te
eindigen in de nieuwere en ten slotte in de oudere landbouw-
koloniën tot en met Zuidbroek. Leert ons de geschiedenis
ook, dat het energieke stadsbestuur van Groningen een
groote rol heeft gespeeld in de ontwikkeling der Veenkoloniën, mogen ook meerdere gunstige factoren, zooals vroeger
de stads-compost, later de kunstmeststoffen, de vestiging van
verschillende industrieën, de coöperatieve geest der lanu-
bouwbevolking, de gunstige afzet van turf en landbouwproducten, enz., enz., meegewerkt hebben tot den bloei van
vervening en landbouw in de hoogveenstreken van Groningen
en Drenthe, toch zal ook een deel der resultaten mogen
worden toegeschreven aan de energie van de bewoners en is
een gevoel van bevrediging en trots niet ongerechtvaardigd,
wanneer we onze Veenkoloniën vergelijken met die in naburige landen.

Assen, December 1912.

Défrichement des terrains vagues aux Pays-Bas

par la Direction de la « Nederlandsche Heidemaatschappij », Utrecht.

En matière de défrichement de bruyères et marécages, de tourbières, dunes maritimes ou sables mouvants, il ne s'est, en général, pas fait grand'chose aux Pays-Bas pendant les XVIIᵉ et XVIIIᵉ siècles. L'extension des terrains de culture s'est bornée à cette époque à l'assèchement d'innombrables mares et lacs, ainsi qu'à l'endiguement, le long des côtes, de terres d'alluvion. On estime la superficie des terres conquises de cette façon à non moins d'environ 200,000 hectares. Toutefois, dans certaines parties du pays, on a tenté aussi le défrichement de terres pauvres. En effet, c'est de cette époque que datent les fameux défrichements de hautes tourbières de la ville de Groningue, ainsi que de nombreux terrains sis dans les dunes ou les bornant et de bruyères voisines des grands centres de population, où les riches bourgeois élevaient leurs maisons de campagne, au milieu d'arbres plantés par leurs soins.

Ce n'est qu'à partir du XIXᵉ siècle que la question des défrichements prit de l'importance. Aux époques de grand chômage, on songea à tirer parti des bruyères, comptant que le défrichement procurerait d'une façon pratique, de l'ouvrage aux sans-travail. Toutefois, dans la plupart des cas, cette espérance ne se réalisa pas, ou du moins on n'atteignit point le but poursuivi. C'est seulement vers le milieu du siècle, lorsqu'en paroles et en écrits, peut-être plus encore par des actes, on montra le grand avantage qui peut résider dans un défrichement rationnel, qu'on commença à s'intéresser plus généralement à cette question. Cependant, ce n'est que rarement qu'on se risqua alors à entreprendre de vastes travaux de défrichement. C'est que le régime de la propriété foncière constituait une grosse entrave à ces travaux, nombre de terres vagues étant propriété collective des habitants des villages, et, dans le midi du pays surtout, les communes étant propriétaires de vastes étendues de terres vagues. Conformément à la loi du 10 mai 1886 *(Bulletin des Lois*, n° 104), contenant deux dispositions en vue de faciliter le partage des communaux (¹), il peut déjà être procédé au partage des dits communaux, dès qu'un seul des co-partageants l'exige. Dès lors, la superficie des terres vagues en possession de particuliers s'est notablement accrue, accroissement dû aussi en partie à ce que plusieurs communes vendirent leurs communaux. Aussi sont-ce surtout les propriétaires privés, grands ou petits, ou les compagnies, qui ont été les promoteurs des défrichements. En général, les communes n'ont entamé la besogne qu'après eux, de même que l'Etat, qui n'a entrepris que plus tard le défrichement des terres lui appartenant, notamment les dunes maritimes, ainsi que des dunes mouvantes et des bruyères achetées à cet effet.

Le grand branle a été donné à la solution de la question des défrichements par la fondation en 1888 de la Société néerlandaise de défrichement des bruyères. A l'origine, cette Société se bornait à donner des *avis* relatifs aux boisements, mais bientôt elle se chargea aussi de l'*exécution* des travaux pour compte d'autrui et elle ne se borna pas aux travaux de boisement, mais s'occupa aussi de défricher et d'approprier à l'agriculture comme à la praticulture des terres vagues convenables. Elle ne s'arrêta pas en si beau chemin, car elle est devenue une association visant l'accroissement du rendement du sol dans le sens le plus étendu du terme. Suivant ses statuts, la Société se propose d'encourager aux Pays-Bas :

1° Le défrichement de terres vagues;

2° Le maintien des bois et plantations;

____

(1) Par « communaux » la loi entend les terres qui, dès les temps les plus reculés et sous les appellations les plus variées, étaient possédées en indivis.

3° L'exécution de travaux d'irrigation et d'amendement du sol, ainsi que l'entretien des dits,

4° Le développement et le perfectionnement des pêcheries d'eau douce.

La Société dispose actuellement d'un personnel d'environ 350 employés et a une école à elle pour la formation de ce personnel; elle possède un musée contenant une importante collection d'objets relatifs au défrichement, à la technique culturale, à la sylviculture et aux pêcheries d'eau douce; en outre, elle publie un périodique mensuel et une feuille relative aux pêcheries; enfin elle tient à la disposition des intéressés un grand nombre d'autres ouvrages. Quiconque désire faire usage des services de la Société est tenu de s'en faire recevoir membre. La contribution annuelle est minime, soit 2 florins au moins, afin que nul n'y voie un empêchement à devenir membre. Aussi le chiffre des membres s'élève-t-il aujourd'hui à près de 6,000. (Les intéressés peuvent s'adresser pour plus amples renseignements au directeur de la Société, à Utrecht).

Il est de fait que la plupart de ceux qui, aux Pays-Bas, s'intéressent d'une façon quelconque aux défrichements, sont membres de la Société, et il est incontestable qu'elle a donné une puissante impulsion à l'extension des travaux de défrichement, comme aussi qu'elle a rendu ces travaux de plus en plus populaires, car on voit aujourd'hui le capitaliste, aussi bien que le simple agriculteur, participer énergiquement à la mise en valeur des terres vagues.

Eu égard aux circonstances, ce mouvement mérite d'être apprécié. En effet, contrairement à ce qui se pratique dans d'autres pays, les dépenses de défrichement, souvent considérables, sont, aux Pays-Bas, entièrement à la charge du défricheur, qui ne reçoit d'appui financier ni de l'Etat, ni d'autres corporations ou institutions. L'Etat n'accorde d'avances gratuites qu'aux communes et à quelques rares associations qui boisent leurs terres vagues, et une seule province, la Drenthe, alloue une subvention pour le boisement de sables mouvants.

Les communes désireuses de boiser avec l'appui de l'Etat se placent par ce fait même, en ce qui concerne le boisement et l'administration des bois à créer, sous le contrôle de l'Etat. Ce contrôle est exercé par l'Administration des forêts domaniales, laquelle fut créée en 1900. Avant cette époque, le contrôle de la plupart des défrichements domaniaux était confié à la Société de défrichement des bruyères, et ce n'est qu'à partir de 1905 que l'Etat a cessé d'avoir recours à ses services. Toutefois, aujourd'hui encore, les futurs gardes forestiers de l'Administration des forêts domaniales sont formés à l'école de la Société.

Les bois et terres vagues ressortissant à l'Administration des forêts domaniales occupent, non compris les terres communales, une superficie de plus de 20,000 hectares; d'où il ressort qu'aux Pays-Bas les terrains en propriété de l'Etat sont de peu d'étendue. Aussi, en supposant que l'Etat n'étende pas considérablement ses propriétés, l'Administration des forêts domaniales n'acquerra d'importance que par les encouragements qu'elle donnera à la sylviculture en général, et par le grand accroissement des travaux qui lui incomberont du fait du boisement de terres vagues appartenant aux communes qui possèdent une superficie d'environ 85,000 hectares, soit à peu près 16 % de la superficie totale des terres vagues aux Pays-Bas.

Pour permettre de se faire une idée de l'importance des défrichements aux Pays-Bas, nous faisons suivre les données ci-après :

Les Pays-Bas occupent une superficie totale de 3,260,000 hectares. En 1911, les terrains vagues se montaient à une superficie d'environ 534,000 hectares, soit un peu plus de 16 % du total; elles consistaient en majeure partie en bruyères, en dunes maritimes, en sables mouvants et en hautes tourbières, toutes terres de nature très infertile, acides et pauvres en sucs nourriciers.

La superficie défrichée fut en :

	Hectares			Hectares
1892	1,032	1902		3,563
1893	651	1903		4,382
1894	1,035	1904		4,332
1895	1,736	1905		3,649
1896	993	1906		3,626
1897	1,631	1907		4,615
1898	2,459	1908		7,111
1899	2,281	1909		6,657
1900	2,799	1910		7,148
1901	1,894	1911		9,314

Ce tableau présente donc un accroissement à peu près constant, ce qui tient à diverses causes. En premier lieu, il sera bien permis de signaler la puissante propagande émanant de la Société néerlandaise de défrichement des bruyères et de son œuvre. En effet, près de 27 % de la superficie des terres vagues défrichées, dans les derniers 20 ans, l'ont été par son intervention directe, et ce pour cent monterait encore considérablement, si l'on faisait entrer en ligne de compte les terrains aménagés pour la culture, conformément à ses avis ou selon les modèles fournis par elle. C'est elle qui, la première, fit usage des engins modernes pour la manipulation et la préparation du sol; elle comprit la haute importance d'une bonne évacuation des eaux dans les terres vagues si souvent basses; elle introduisit sur une grande échelle l'application d'engrais chimiques dans ses défrichements ; enfin, elle sut créer une organisation grâce à laquelle les défricheurs purent obtenir certitude, quant à la provenance et à la qualité de grains divers, à l'usage de l'agriculture et de la sylviculture et d'arbres forestiers.

A côté de ces diverses causes, on peut en citer d'autres qui ont fait prendre aux défrichements dans les Pays-Bas un si grand essor, nommément la plus grande facilité avec laquelle aujourd'hui on transforme la bruyère en champ ou en pré, la hausse générale des prix de la terre, la demande croissante de terres et de fermes, les prix avantageux réalisés par les produits de l'agriculture, et finalement, la prospérité générale qu'on constate actuellement aux Pays-Bas dans tous lᴇs domaines. Il est clair que quelques-unes de ces causes sont en rapport d'influence réciproque.

En ce qui concerne les défrichements aux Pays-Bas, il convient d'attirer l'attention sur deux points : 1° sur le fait que le puissant accroissement en est dû, moins à la transformation des terres vagues en terrain boisés qu'à leur mutation en prés ou en champs ; 2° sur ce qu'on applique sur une très vaste échelle aux Pays-Bas un procédé spécial de préparation du sol.

Il vaudrait amplement la peine de donner des détails, entre autres sur la façon dont l'Administration des forêts domaniales et la Société néerlandaise de défrichements s'y prennent pour boiser avec succès les sables mouvants et les dunes maritimes, ou de décrire les fameux défrichements des hautes tourbières après enlèvement de la tourbe; malheureusement, notre cadre limité ne nous permet pas d'entrer dans des développements à ce sujet.

Tandis qu'autrefois l'on croyait que les terres vagues se prêtaient exclusivement à la constitution de bois et de forêts et que, pour ce motif, on boisait beaucoup plus qu'on ne créait de prés ou de terres arables, aujourd'hui, à mesure que la pratique et la science des défrichements se sont développées, il en est tout autrement, comme il appert avec évidence du tableau ci-dessous :

Années	Proportions entre les défrichements pour boisements et pour la création de prés et terres arables
1892 et 1893	1 : 0.95
1894 » 1895	1 : 0.81
1896 » 1897	1 : 0.57
1898 » 1899	1 : 1.53
1900 » 1901	1 : 2.04
1902 » 1903	1 : 2.15
1904 » 1905	1 : 2.25
1906 » 1907	1 : 2.56
1908 » 1909	1 : 4.55
1910 » 1911	1 : 5.36

Aussi, ce ne sont en général que les plus mauvaises terres qu'on affecte aujourd'hui aux boisements, donc surtout les terres hautes et sèches, tandis que les terres vagues, basses et humides sont le plus souvent transformées en prés et en terres arables. Sans qu'il soit besoin d'explications, on comprend que, dans ces circonstances, pour les boisements surtout, mais souvent aussi pour d'autres défrichements, une préparation radicale du sol soit de rigueur. Sur plusieurs terrains, cette préparation est suivie d'une soi-disant culture préalable ou culture d'essai, système déjà autrefois pratiqué en Belgique et appliqué aux Pays-Bas dans les grandes exploitations. A cet effet, on approprie le sol à la culture de produits agricoles avant de procéder au boisement. L'avantage de cette méthode est que, dans les cas douteux, il n'est pas nécessaire de décider tout de suite si l'on aménagera un bois, un pré ou bien un champ, décision qui peut être retardée jusqu'à ce que le résultat de la culture ait prouvé expérimentalement si, oui ou non, le sol s'approprie d'une façon durable à cette culture.

Pour les cultures d'essai, on peut utiliser diverses plantes, et la durée d'exploitation du sol, comme terre arable, peut varier beaucoup. Le cas le plus fréquent est que la première année, après que le sol a été retourné profondément au moyen d'une puissante charrue mue à la vapeur ou autrement, et qu'il a été éventuellement asséché, on le fume au moyen d'engrais chimiques et l'on y cultive soit du lupin seul, soit du lupin mélangé de serradelle. En automne, on y sème du seigle d'hiver, auquel, au printemps, suivant les cas, on ajoute de la serradelle.

La troisième année on procède au boisement, parfois seulement après de nouvelles semailles de seigle (éventuellement encore mélangé de serradelle) et à une nouvelle fumure au moyen d'engrais chimiques. Si le lupin se développe mal, il peut être nécessaire d'en cultiver une seconde fois. Ce n'est que dans quelques cas que la culture du lupin est superflue et qu'on peut cultiver le seigle comme premier produit.

Ailleurs, c'est par la pomme de terre qu'on commence; ce tubercule constitue une excellente plante d'essai; puis on fait suivre le seigle. Parfois on réalise aussi de bons résultats avec l'avoine ou d'autres végétaux. Il arrive encore qu'on se borne exclusivement au lupin.

Cette culture d'essai a pour effet d'amender le sol à plusieurs égards; grâce à elle :

1° La teneur du sol en sucs nourriciers s'accroît, non seulement par l'azote qu'apportent les papilionacées, mais encore parce que, dans la règle, les produits récoltés n'en enlèvent pas du sol autant que la fumure y en introduit ;

2° La constitution du sol se trouve améliorée à plusieurs égards et par diverses influences, notamment par les remuements répétés, par la profonde pénétration des racines des plantes, par la couverture et l'ombrage du sol;

3° La quantité d'humus s'accroît ou celui-ci s'en trouve mieux conditionné. Un sol très pauvre en humus s'enrichit sensiblement du fait du lupin *enfoui*, ainsi que des racines et des éteules, résidu des autres produits végétaux; sur les terres de bruyère à couche d'humus acide, la culture transforme plus ou moins ce dernier en humus doux, ce dont elle profitera;

4° Les terres stériles se vivifient, ce qui est probablement d'une haute importance pour le futur bois.

Aussi l'expérience a démontré que, par l'application de la culture d'essai, on réussit à créer des bois poussant bien là où on n'aurait pu y parvenir qu'au prix de grandes difficultés et où peut-être c'eût été impossible. Par ce procédé, on peut même de nouveau approprier à la culture des terrains gravement appauvris et épuisés. Souvent l'amendement du sol y gagne tant que sur des terrains où, sans culture préalable, ne pousse que le pin sylvestre, on voit réussir les arbres feuillus ou ceux-ci conjointement aux résineux.

Quant aux résultats pécuniaires de ces cultures d'essai, il va de soi qu'ils diffèrent beaucoup, puisqu'ils dépendent grandement du temps qu'il a fait, de la nature du sol, de l'espèce et du prix marchand des produits, de la méthode de culture, de l'aménagement de l'exploitation, de l'étendue et du plus ou moins grand éloignement du terrain, etc.

Dans nombre de cas la culture préalable a fourni un rendement appréciable, jusqu'à 90 florins par hectare; ailleurs elle a abouti à un déficit se montant à près de 70 florins par hectare. Entre ces deux extrêmes, les rendements oscillent; dans les grandes exploitations toutefois, on peut, sans tarder beaucoup, faire état d'une moyenne de rendement. Aux Pays-Bas, où les prix du blé sont relativement bas, tandis que ceux de certains engrais chimiques sont élevés comparativement à ceux de quelques pays voisins, les cultures d'essai ne sont pas sans entraîner en général quelques frais, lesquels se trouvent d'ordinaire pleinement justifiés par les meilleures perspectives qui en résultent à l'égard du boisement.

Là où l'on procède à la création définitive de prés ou de terres arables, on recourt d'ordinaire à une préparation conforme des terres vagues, préparation qui bénéficie des avantages mentionnés plus haut. Comme toutefois ces terres sont en général de meilleure qualité que celles qu'on affecte au boisement, les résultats financiers des premières années sont déjà plus favorables.

Ontginning van woeste gronden in Nederland

door de Directie
der Nederlandsche Heidemaatschappij uit Utrecht.

Op het gebied van ontginning van heide- en broekgronden,
venen, duinen en zandverstuivingen werd in de 17e en de 18e
eeuw in Nederland in 't algemeen weinig tot stand gebracht.
De uitbreiding van de oppervlakte cultuurland bepaalde zich
gedurende dien tijd grootendeels tot het droogleggen van
tallooze plassen en meren en tot het indijken van vele aanslib-
bingen langs de kusten. Niet minder dan ongeveer 200 000
H.A. cultuurland moet op die wijze zijn gewonnen. Toch is
in sommige gedeelten van het land wel iets aan het ontginnen
van de meer arme gronden gedaan. De beroemde hoogveen-
ontginningen van de stad Groningen en vele ontginningen van
gronden in en langs de duinen en op de niet ver van de bevol-
kingscentra gelegen heidevelden, waar de welgestelde bur-
gers hun buitenverblijven deden verrijzen te midden van zelf
geplant geboomte, dagteekenen uit dien tijd.
Eerst in de 19de eeuw trad het ontginningsvraagstuk meer
op den voorgrond. Vooral in tijden van groote werkloosheid
richtte men zijn oogen naar de heide, hopende door ontginning
daarvan op doelmatige wijze werk te verschaffen. In de
meeste gevallen werd deze hoop evenwel niet vervuld of werd
althans niet bereikt, wat men verwachtte. Eerst toen om-
streeks het midden der vorige eeuw in woord en schrift en
niet het minst door daden het groote voordeel werd aan-
getoond, dat er kan gelegen zijn in rationneele ontginning,
begon men meer algemeen belang te stellen in ontginning.
Uitgebreide werken werden op ontginningsgebied evenwel

slechts zelden ondernomen. In vele streken had de regeling van den grondeigendom een remmenden invloed op het ontginningswerk. Vele woeste gronden waren in het gemeenschappelijk bezit van de dorpsbewoners, terwijl vooral in het zuiden des lands, de gemeenten uitgestrekte woeste gronden in eigendom hadden. Volgens de wet van 10 Mei 1886 (Stbl. no. 104) houdende 2 bepalingen ter bevordering van de verdeeling van markgronden (1) kan reeds tot verdeeling van het evengenoemde gemeenschappelijk bezit worden overgegaan, indien één deelhebber dit eischt. De oppervlakte der woeste gronden, in handen van particulieren, is sinds dien heel wat grooter geworden; mede is dit een gevolg hiervan, dat een aantal gemeenten woeste gronden verkochten. Het zijn dan ook vooral de particuliere grondbezitters, groote en kleine of de maatschappijen, die op het gebied van ontginning zijn voorgegaan. De gemeenten zijn in het algemeen achteraan gekomen, terwijl ook de Staat zich eerst later op dit gebied is gaan bewegen door ontginning van reeds aan den Staat behoorende gronden, zijnde zeeduinen èn van voor dit doel aangekochte zandverstuivingen en heidevelden.

De groote stoot is aan de oplossing van het ontginningsvraagstuk gegeven door de oprichting der Nederlandsche Heidemaatschappij, in 1888. Aanvankelijk beperkten de werkzaamheden dezer vereeniging zich tot het geven van *adviezen* over het aanleggen van bosch. Reeds spoedig belastte zij zich ook met de *uitvoering* van werkzaamheden voor rekening van anderen en bleef haar werk niet beperkt tot aanleg van bosschen, maar werden geschikte woeste gronden ook ontgonnen tot bouw- of grasland. En niet enkel tot het ontginnen van woeste gronden breidde de kring harer bemoeiingen zich uit, de Nederlandsche Heidemaatschappij is geworden een vereeniging, die beoogt de verhooging van het voortbrengend vermogen van den bodem in den meest

---

(1) Onder markgronden verstaat de wet gronden, die van oudsher in onverdeelden eigendom bezeten worden onder de namen van marken, maatschappen, holtingen, meenscharen, meenten, buurten, buurschappen of andere soortgelijke namen.

uitgebreiden zin. Volgens haar statuten stelt zij zich ten doel
in Nederland te bevorderen :

1. het ontginnen van woeste gronden ;

2. het instandhouden van bosschen en beplantingen;

3. het aanleggen en onderhouden van bevloeiings- en
grondverbeteringswerken ;

4. de ontwikkeling en de verbetering der zoetwatervisscherij.

De Maatschappij beschikt thans over ongeveer 350 ambte-
naren, zij heeft een eigen opleidingsschool, voorts een
museum, bevattende een belangrijke verzameling van voor-
werpen, betrekking hebbende op ontginning, cultuurtechniek,
boschbouw en zoetwatervisscherij, terwijl zij een maand-
schrift en een visscherijblad uitgeeft en een groot aantal andere
werken beschikbaar stelt. Ieder, die van de diensten der
Maatschappij wenscht gebruik te maken, is verplicht toe te
treden als lid. De jaarlijksche contributie is zeer laag gesteld
(ten minste 2 gld.) opdat deze voor niemand een beletsel
behoefde te zijn om toe te treden als lid. Het aantal toege-
treden leden bedraagt dan ook bijna 6 000. (Belangstellenden
kunnen zich voor nadere inlichtingen omtrent de Nederlandsche Heidemaatschappij wenden tot den Directeur dezer Vereeniging te Utrecht.)
De meeste personen, die zich in Nederland eenigermate op
het gebied van ontginning bewegen zijn lid. Ontkend kan
niet worden, dat door deze Vereeniging een krachtige stoot is
gegeven aan de uitbreiding van het ontginningswerk. Door
haar toedoen is het ontginnen van woeste gronden meer en
meer populair geworden; zoowel de kapitalist als de gewone
landbouwer nemen thans krachtig deel aan het in cultuur
brengen er van.
De beteekenis daarvan is, de omstandigheden in aanmerking genomen, niet te onderschatten! In tegenstelling toch
met vele andere landen, komen in Nederland de ontginnings-
kosten, die dikwijls niet gering zijn, geheel ten laste van den

ontginner. Hij ontvangt geen geldelijken steun, noch van den Staat, noch van andere lichamen of instellingen. De Staat steunt slechts met een renteloos voorschot de Gemeenten en een enkele vereeniging, welke haar woeste gronden bebosschen, terwijl een der provinciën (Drenthe) voor bebossching van stuifzand een subsidie geeft.

De gemeenten, welke met Staatssteun bosschen wenschen aan te leggen, stellen zich, wat de ontginning en het beheer dezer bosschen betreft, daarbij tevens onder Staatstoezicht. Dit toezicht wordt uitgeoefend door het Staatsboschbeheer, dat in het jaar 1900 in het leven werd geroepen. Vóór dien tijd was het toezicht over de meeste Staatsontginningen opgedragen aan de Heidemaatschappij en eerst in 1905 werd het Staatsboschbeheer geheel vrij van deze Maatschappij georganiseerd. Ook nu echter nog genieten de aanstaande boschwachters van het Staatsboschbeheer hun opleiding op de school der Heidemaatschappij.

De tot het Staatsboschbeheer behoorende bosschen en woeste gronden beslaan, buiten de gemeentegronden, een oppervlakte van ruim 20 000 H.A. Van grooten omvang is het Staatsbezit in Nederland dus niet. Het Staatsboschbeheer zal dan ook, zoo de Staat zijn bezit niet belangrijk gaat uitbreiden, alleen beteekenis krijgen door zijn streven ter bevordering der boschcultuur in 't algemeen en door de groote toename van haar werk inzake het bebosschen van woeste gronden, toebehoorende aan de gemeenten. Deze laatste beslaan thans een oppervlakte van ongeveer 85 000 H.A. d. i. ongeveer 16 % van de geheele oppervlakte woesten grond in Nederland.

Om een inzicht te geven in de beteekenis van het ontginningswezen in Nederland kunnen de volgende gegevens dienen.

De oppervlakte van Nederland bedraagt ongeveer 3,260,000 H.A. In 1911 besloegen de woeste gronden een oppervlakte van ongeveer 534,000 H.A. d. i. ruim 16 %, grootendeels bestaande uit heide, en voorts uit zeeduinen, stuifzand en hoogveen, alle gronden, die van natuur zeer onvruchtbaar, arm aan plantenvoedingsstoffen en verzuurd zijn.

De oppervlakte, welke werd ontgonnen bedroeg in

	H. A.			H. A.
1892 . . .	1,032	1902	. . .	3,563
1893 . . .	651	1903	. . .	4,382
1894 . . .	1,035	1904	. . .	4,332
1895 . . .	1,736	1905	. . .	3,649
1896 . . .	993	1906	. . .	3,626
1897 . . .	1,631	1907	. . .	4,615
1898 . . .	2,459	1908	. . .	7,111
1899 . . .	2,281	1909	. . .	6,657
1900 . . .	2,799	1910	. . .	7,148
1901 . . .	1,894	1911	. . .	9,314

Hier valt dus in 't algemeen een toenemende stijging waar
te nemen. De oorzaken hiervan zijn velerlei. In de eerste
plaats mag zeker wel gelden de krachtige propaganda, uit-
gegaan van de Nederlandsche Heidemaatschappij en haar
werk. Ongeveer 27 % toch van de oppervlakte der gedurende
de laatste 20 jaar ontgonnen woeste gronden werd door haar
rechtstreeksche bemoeiingen ontgonnen. Dit procent stijgt
belangrijk, indien men ook in aanmerking neemt de terreinen,
in cultuur gebracht volgens de door haar uitgebrachte adviezen, of naar de door haar gegeven voorbeelden. Zij gebruikte
het eerst de moderne grondbewerkingswerktuigen, zij besefte
het groote belang van een goeden waterafvoer op de dikwijls
laag gelegen woeste gronden, zij voerde een uitgebreid
gebruik van kunstmeststoffen in bij ontginningen, zij wist een
organisatie in te richten, waardoor ontginners zekerheid kunnen verkrijgen omtrent de afkomst en qualiteit van boom- en
landbouwzaden en van boschplantsoen.

Daarnaast zijn nog andere oorzaken aan te wijzen, waardoor de ontginningen in Nederland de laatste jaren zulk een
hooge vlucht namen, namelijk de grootere gemakkelijkheid,
waarmede thans heide wordt aangelegd tot bouw- of grasland,
de algemeene stijging der grondprijzen, de groote behoefte
aan grond en boerderijen, de goede prijzen der voortbreng-
selen van den landbouw, en ten slotte ook de algemeene wel-

vaart, welke thans in Nederland op bijna elk gebied heerscht. Sommige van deze oorzaken staan weer onderling in nauw verband.

Met betrekking tot het ontginnen van woeste gronden in Nederland zij hier op twee zaken nog de aandacht gevestigd, namelijk op de omstandigheid, dat de sterke toename vooral aan de uitbreiding der ontginningen tot gras- en bouwland is te danken, minder aan die der boschontginningen; en voorts op de bijzondere wijze van grondvoorbereiding, welke in Nederland op zeer ruime schaal wordt toegepast.

De zaak zou het ten volle waard zijn, o.m. ook aan te geven de wijze, waarop door het Staatsboschbeheer en de Nederlandsche Heidemaatschappij met succes zandverstuivingen en zeeduinen worden beboscht, of een beschrijving te geven van de beroemde ontginningen der afgegraven hoogveengronden, het bestek van dit opstel staat zulks echter niet toe.

Zooals reeds werd vermeld, zijn het vooral de ontginningen van den woesten grond tot bouw- en grasland, die zeer sterk zijn toegenomen. Vroeger meende men, dat de woeste gronden bijna uitsluitend voor boschaanleg in aanmerking konden komen. Toen werd dan ook meer bosch aangelegd dan bouw- of grasland.

Naarmate evenwel de ontginningswetenschap en -praktijk zich ontwikkelden, werd deze verhouding anders, zooals onderstaande staat duidelijk aantoont.

JAREN	Verhoudingen tusschen de boschontginningen en de bouw- en graslandontginningen.
1892 en 1893.	1 : 0.95
1894 en 1895.	1 : 0.81
1896 en 1897.	1 : 0.57
1898 en 1899.	1 : 1.53
1900 en 1901.	1 : 2.04
1902 en 1903.	1 : 2.15
1904 en 1905.	1 : 2.25
1906 en 1907.	1 : 2.56
1908 en 1909.	1 : 4.55
1910 en 1911.	1 : 5.36

In het algemeen zijn het thans dan ook de slechtste gronden, die voor boschaanleg in aanmerking komen, vooral dus hooge, droge gronden, terwijl de laaggelegen vochthoudende woeste gronden meestal voor ontginning tot bouw- of grasland worden bestemd. Dat het dus gewenscht is vooral bij boschaanleg, doch dikwijls ook bij andere ontginningen, eene ingrijpende grondvoorbereiding toe te passen behoeft geen nader betoog. Op vele gronden wordt dan ook overgegaan tot een z. g. landbouwvoorbouw, in België reeds eerder toegepast, doch in Nederland in gebruik genomen in het groot-bedrijf. Daarbij wordt de grond eerst geschikt gemaakt om te worden beteeld met landbouwgewassen vóór tot boschaanleg wordt overgegaan. Door deze methode wordt tevens het voordeel bereikt, dat in twijfelachtige gevallen niet dadelijk behoeft te worden beslist of een terrein tot bosch dan wel tot bouw- of grasland moet worden aangelegd. De beslissing kan worden uitgesteld, totdat door de teelt der landbouwgewassen proefondervindelijk is bewezen, of de grond al of niet blijvend geschikt is voor deze cultuur.

Voor voorbouw kunnen zeer verschillende gewassen dienst doen, terwijl de tijd, gedurende welken de grond als bouwland wordt gebruikt, zeer uiteen kan loopen. Het meest voorkomende geval is, dat het eerste jaar na bewerking met den diepploeg met stoom of andere kracht en eventueel na drooglegging, een bemesting van den grond met kunstmest wordt toegepast en lupinen of lupinen gemengd met serradella worden geteeld. In het najaar wordt dan winterrogge gezaaid, waarin in het voorjaar al dan niet serradella wordt gezaaid.

Het derde jaar wordt dan het terrein beboscht. Soms wordt echter nog een tweede maal rogge (eventueel wederom met serradella), na bemesting met kunstmest, gezaaid en eerst daarna tot bebossching overgegaan. Als de lupinen zich slecht ontwikkelen, kan het noodig zijn, den verbouw van dit gewas te herhalen. Slechts in enkele gevallen is de cultuur van lupinen overbodig en kan als eerste gewas rogge geteeld worden.

Elders wordt de aardappel, die als hakvrucht een zeer goed

voorbouwgewas is, als eerste vrucht verbouwd. Hierop volgt dan rogge. Soms verkrijgt men ook met haver of andere landbouwgewassen goede resultaten.

Het komt ook voor, dat alleen lupinen worden verbouwd.

Door het toepassen van een landbouwvoorbouw wordt de grond in velerlei opzicht verbeterd :

1. de hoeveelheid plantenvoedingsstoffen wordt vergroot, niet alleen doordat de vlinderbloemigen stikstof toevoeren, maar ook, doordat in den regel door de geoogste gewassen niet zooveel aan den grond wordt onttrokken als er door bemesting aan toegevoegd is.

2. de structuur van den grond wordt in velerlei opzichten en door verschillende invloeden verbeterd, n.l. door het herhaaldelijk bewerken, door de diepe beworteling der gewassen, door de bedekking en beschaduwing van den bodem, enz.

3. de humusvoorraad wordt vermeerderd of de humus in een beteren vorm gebracht. Op zeer humusarmen bodem zal een merkbare verrijking met humus plaatsvinden door de ondergebrachte lupinen en de wortels en stoppels der andere landbouwgewassen ; op gronden met een laag zure heidehumus zal deze door de cultuur min of meer in milde humus worden omgezet, die de cultuur ten goede komt.

4. in den sterielen grond wordt leven gebracht, wat vermoedelijk van groot gewicht is voor het toekomstige bosch.

De ervaring heeft dan ook geleerd, dat het door toepassing van landbouwvoorbouw gelukt een goed groeiend bosch te verkrijgen, waar dit anders met groote moeilijkheden gepaard zou gaan of onmogelijk zou zijn. Het is zelfs mogelijk, door toepassing van voorbouw zeer verarmde en uitgeputte gronden wederom voor de cultuur geschikt te maken. De grondverbetering is dikwijls van dien aard, dat terreinen, die zonder voorbouw alleen geschikt zijn voor grove dennen, met gunstig gevolg bestemd kunnen worden voor loofhoutbosch of voor een gemengd bosch van grove den en loofhout.

Wat de geldelijke uitkomsten van den landbouwvoorbouw

betreft, uit den aard der zaak loopen deze zeer uiteen. Zij hangen in hooge mate af van weersgesteldheid, den grond, soort en marktprijzen der gewassen, wijze van cultuur, inrichting van het bedrijf, grootte en meer of minder afgelegen ligging van het terrein, enz.

In vele gevallen gaf de voorbouw eene niet onbelangrijke winst, zelfs tot ong. 90 gld. per H. A., elders ontstond weer een verlies tot bijna 70 gld. per H.A. bedragende. Tusschen deze beide uitersten wisselen de geldelijke uitkomsten af; in het groot-bedrijf kan echter reeds spoedig met gemiddelde cijfers gerekend worden. Voor Nederland met zijn betrekkelijk lage graanprijzen en hooge prijzen van sommige kunstmeststoffen, vergeleken bij die van sommige naburige landen, brengt de voorbouw gemiddeld wel eenige, hoewel geringe, kosten mede. Deze zijn echter gewoonlijk ten volle gewettigd door de grootere kans van slagen van den boschaanleg.

Waar wordt overgegaan tot aanleg van blijvend bouw- of grasland, wordt bij vele woeste gronden een overeenkomstige voorbereiding toegepast. Ook daarvoor gelden de hierboven genoemde voordeelen. Aangezien deze gronden echter in het algemeen van betere hoedanigheid zijn, dan de voor bosch bestemde, zijn de geldelijke uitkomsten der eerste jaren gewoonlijk reeds gunstiger.

Le rendement du tracteur agricole.

M. K. de MEYENBURG

En agriculture on appelle tracteurs des locomotives champêtres remplaçant les animaux de trait destinés à tirer les outils traditionnels nommés charrue, extirpateur, herse, bineuse, semeuse, etc.

On leur a donné bien des noms dont guère un les caractérise précisément. Ce sont certes des *automobiles*, c'est-à-dire des voitures indépendantes portant elles-mêmes quelque part une source de force motrice, un moteur, et un mécanisme utilisant la force du moteur pour la propulsion de cette voiture. Seulement, l'automobilisme s'est tellement emparé du terme « automobile », qu'il a pris le sens d'une voiture ne servant qu'au transport d'elle-même et d'une charge qu'elle porte, comme le font les animaux d'équitation. Tandis qu'on n'a pas honoré de ce nouveau nom les vénérables *locomotives et les tracteurs*. Les locomotives bornées aux rails qui les dirigent, aux horaires et au sens de la direction, manquent de liberté individuelle, d'indépendance, du charme de l'arbitraire, pour mériter ce nom qui exprime la suprême *mobilité autocrate*.

Les tracteurs normaux remplaçant les animaux de trait, représentants du travail pénible d'une mobilité très limitée, ont bien fait de se distinguer du frère léger par leur nom significatif. Ils ne veulent ni courir, ni porter, mais tirer, traîner comme un bœuf, sans passion ni éclat, *éliminant toute idée de sport*.

Le pays d'origine du tracteur c'est l'Angleterre dont l'industrie classique des locomotives a enfanté depuis 80 ans des *locomotives routières*, précurseurs des locomotives dans les colonies, où elles furent bien souvent appelées à quitter la route, ou même de traverser des landes sans routes. Ce furent les vrais pionniers colonisateurs.

Quant à leur construction, tout était créé il y a 80 ans; les roues énormes, les chaudières s'appuyant en avant sur une rotule de l'axe directeur, en arrière sur l'énorme axe moteur, les reliant en guise de cadre, se laissant coller sur dos et ventre toute la série multicolore des organes indispensables d'une machine à vapeur rustique.

L'idée de se servir de la nouvelle force mobile, omniprésente, omnipotente, pour soulager l'agriculture, peinante surtout depuis la suppression des impôts sur les blés, vient de *J. Watt* même, et la première moitié du XIXe siècle fut très fertile en inventions voulant réaliser cet idéal. Elle ne fut cependant que trop justifiée la remarque récente d'un ingénieur américain, disant que le pas du moteur quittant le rail, appelé au début « *le continuous way* » la voie uniforme, homogène, pour se risquer sur route, fut plus facile que celui de la « routière » *pour se risquer non-seulement sur les terres vierges, relativement fermes et engazonnées, mais sur les terres agricoles, molles, fertiles, souvent nues, glissantes, variant en consistance selon les lieux, le temps, le but.*

Comme partout ailleurs, les chemins battus, pavés, les ornières sont le lieu commun, la voie facile, recherchée pour leurs pentes égalisées. Pour passer la pampa, la prairie, on a encore le choix du passage, de la ligne à suivre. Mais sur les champs agricoles, le parcours du soc et le moment du labour sont indiqués. On peut choisir et établir une ligne favorable pour une route, mais il est impossible de niveler les collines pour établir des champs, comme on le fait des fois pour des parcs.

Nous pouvions donc *formuler les conditions spéciales de la locomotion sur champs agricoles vis-à-vis des routes* :

Les automotrices, destinées à circuler sur les champs agricoles pour les cultiver, ne profitent ni du choix du tracé, ni des profils longitudinaux et transversaux bien nivelés, ni du support affermi, solidifié, entretenu des routes, composé de matières choisies uniformes (strata, strada, Strasse, street).

Elles doivent au contraire *rouler partout*, approcher et couvrir sans lacune de leurs ornières absolument parallèles, des parcelles non nivelées, à pente souvent très irrégulière dans les deux sens et *ceci sur un sol composé de matière spéciale,* bien que très variée, choisie et *préparée,* pas pour supporter des poids, mais *pour laisser pénétrer eau, air, racines, vers, microbes* en faveur des plantes.

Elles doivent en outre rouler sur ce terrain qui les déteste, au *moment favorable,* non pour le roulement, mais pour les outils qu'ils traînent.

Elles doivent en outre y rouler malgré *l'état du sol, variant énormément,* souvent d'un bout du champ à l'autre, et surtout, à toutes saisons, à toutes époques, d'un moment même à l'autre, suivant le temps qui survient. Elles doivent non seulement rouler en lignes bien plus *minutieusement droites et prescrites* que sur route, mais aux extrémités des champs, on veut qu'elles tournent et virent bien plus étroitement que sur route. Tout indique donc de construire des voitures ne touchant guère le sol, à roues aussi larges et hautes que possible et pesant comme des semeuses le moins possible. Après ces prouesses on exige qu'elles roulent sur route sans effet de nature à mécontenter l'inspecteur des Ponts et Chaussées. Mais la pire des exigences c'est qu'elles soient automotrices et même tractrices.

De la charrette du paysan à l'automobile agricole il y a un pas énorme. La roue passe du rôle passif au rôle actif; du rôle d'un socle roulant sous une pression verticale à celui d'une jambe animée d'une force horizontale.

Tout animal, bipède ou quadrupède, marchant sur terrain mou profite fortement de l'articulation de la cheville et des orteils de ses pieds qui lui permettent de se choisir ou de se créer un point d'appui pour se pencher en avant, et même pour traîner un poids derrière lui ; articulation bien universelle, à rotule bien protégée et solide, permettant de rester bien appuyé pendant 50-100 centimètre d'avancement, jusqu'à nouvelle prise de pied.

Il s'agit donc de trouver par terre l'adhérence nécessaire pour exercer une traction horizontale.

Pour augmenter l'adhérence des locomotives de montagnes

on a vite renoncé à augmenter simplement le poids, en ajoutant à la route merveilleuse qu'est le rail, la crémaillère, la roue dentée, dressée, aplanie; l'appui solide, continuel; l'échelle, l'escalier à très petites marches solides et nombreuses, rendant superflues les articulations animales guère imitables malgré de nombreux essais.

Loin de pouvoir couvrir les champs de crémaillères ou de sentiers, on a donc, dès les tentatives de Watt, muni de pieds et d'orteils rigides et articulées de la plus grande variété, les bandages des tracteurs. On y a sacrifié des fortunes, des vies.

Nous sautons ce chapitre palpitant, nous bornant à remarquer que la terre arable a une très petite cohésion; que, contrairement à l'acier des crémaillères, sa *résistance à la traction et à l'abrasion est infiniment plus faible que celle à la pression*. Il ne suffit donc pas de mouler le sol à mesure en crémaillère moyennant des roues motrices dentées. Il faudrait le mouler et le comprimer selon son état *momentané*, comme le font nos pieds, qui cependant font bien plus en chargeant de poids, le point d'appui, pris par la pointe des pieds. Un bain de plage explique le tout aux sens de l'observateur.

A peine la roue motrice a-t-elle moulé la crémaillère, qu'elle la lâche au point le plus bas et elle en abrase les dents de terre. Plus on veut augmenter le nombre des prises de dents en les serrant, plus on risque d'embourber le moule et de le rendre inefficace, plus on produit des dents faibles.

Dans tous les cas, *il n'y a que la terre comprimée et chargée ou appuyée qui offre une prise appréciable* par le fait que la fragilité nécessaire pour la vie des racines agricoles est remplacée par la compacité, par la cohésion sans fissures de ses particules, produites par une compression et une conglomération artificielles ou naturelles fâcheuses pour la vie des plantes.

Plus on veut éviter l'effet nuisible de cette compacité, plus on doit la corriger après coup ou plus on doit en diminuer le degré multipliant et disséminant des prises faibles simultanément actives.

Tous ces faits furent assez clairs aux grands-pères des fabricants anglais actuels, car leurs routières s'enfonçaient tristement dans les labours d'automne qu'on essayait de leur imposer. *Howard et Fowler, après de nombreuses tentatives coûteuses*, ont renoncé à chercher ces milliers de points d'appui sur les champs et se sont ancrés aux bouts des champs, heureux d'y traîner, moyennant des câbles, des charrues polysocs pesant elles seules 4 tonnes.

Un demi-siècle de labourage à vapeur en fut le résultat. En 1913, à peine un pour cent de la terre arable de l'Europe est labourée au câble à vapeur: les champs de quelques grands propriétaires. Trente ans plus tard, Fowler a réessayé la traction automobile avec des tracteurs *plus légers, alors possibles.* Ce fut en vain. C'était encore trop lourd. Enfin, *l'automobile moderne* ayant évolué, le moteur léger à explosion a réencouragé les constructeurs anglais à attaquer de nouveau le problème. On commença par les tracteurs légers de 20 chevaux, pesant 20 quintaux, pour passer vite aux tracteurs plus lourds de 60 chevaux pesant 20 quintaux, pour en revenir tout dernièrement aux tracteurs aussi légers que possible avec des moteurs solides et avec des roues suffisamment amples.

Depuis 1906, on a vu apparaître sur le marché les Anglais Iven, Saunderson, Marshall, Mac Laren, Case, etc. et les Américains Avery, Hart-Barr, Rumely, J. H. C. etc. L'élan de l'expansion agricole au Canada a rapidement mûri en Amérique et répandu au Canada le tracteur actuel, inséparablement relié au centre de son évolution et de sa critique, à *Winnipeg*, capitale de la province de Manitoba, où l'on a vu se dérouler chaque année depuis 1908 les démonstrations de beaucoup les plus importantes du monde, réunissant 30 tracteurs environ. Ce qui est intéressant, c'est que le grand promoteur de ces concours fut *M. Burness-Greig* et le fils de Greig, l'associé de John Fowler, à Leeds, en Angleterre. C'est lui qui avait vu et déclaré *l'insuffisance pour les besoins du fermier des vieux et lourds tracteurs à vapeur*, pionniers du Canada; lui qui avait formulé les programmes de Winnipeg pour faire évoluer, grâce aux moteurs à explosion, un tracteur *plus léger, plus faible, plus universel*, moins cher, accessible au fermier moyen, admissible sur des champs de culture, capable de remplacer une bonne partie des chevaux de la ferme. Dans son troisième rapport général résumant le résultat du 3e concours de 1910, il compara à son idéal la réalité achevée, et il eut le courage de confesser que l'idéal était loin d'être réalisé, qu'on a bien créé le tracteur à pétrole, roulant, pour les ouvrir sur les prairies vierges de l'Ouest, pointant les Rocky-mountains qui les limitent, mais qu'on n'a pas réussi à donner aux fermes canadiennes et américaines, auxquelles il avait tourné le dos, la machine adaptée à leur sol arable, des machines répondant aux cris alarmants des personnes à vue claire, exigeant une culture bien plus intense, capable d'enrichir ces champs pillés de leur humus original et envahis de mauvaises herbes, et capable de nourrir le peuple américain qui a cessé d'exporter du blé et d'avoir de nouvelles terres à ouvrir.

Ce fut une confession palpitante de faillite due à la négligence des besoins et conditions agricoles, de la part de constructeurs et de juges purement mécaniciens, sortant des usines de locomotives et de machines électriques. Ce fut le testament d'un homme clairvoyant et sincère. Greig mourut peu après, mais son héritage spirituel fut partagé par son collègue *M. Chase*, président de la American Society of Agricultural Engineers.

Cet héritage fut même escompté en Californie, en France et en Allemagne, donc dans trois pays hautement agricoles, où l'on avait également compris qu'il fallait *rendre l'adhésion, la prise des tracteurs aussi indépendante du poids que possible* pour arriver à la machine légère rêvée. C'est ce qui a fait naître en Californie et en France l'idée *de la prise à chenille, de la prise rampante* qui parfois fonctionne à merveille, bien que ces comparaisons soient fausses.

On remplaça le petit arc de contact des roues motrices par la longue surface plate de contact d'une large *chaîne ou bande motrice* articulée, munie de sailles, qu'elles piquent dans le sol. Cette chaîne s'appuya donc en 10 à 20 points espacés sur des plaques de terre qui demandent chacune moins de pression verticale nuisible pour résister à la poussée motrice horizontale utile exigée par les socs. C'est un bon moyen un peu compliqué de faire porter par la terre arable des poids considérables et d'y prendre pied pour exercer une forte traction.

L'adhésion sans poids, c'est aussi la devise des constructions allemandes les plus réussies (Stock et ses imitateurs et successeurs), sans qu'elles aient pu échapper à la *critique agricole de trop comprimer la terre arable*, dès qu'elle est un peu argileuse. Le rapport de M. Brutschke, constructeur de charrués électriques à treuil fixe, sur le récent *concours de Vienne* vise surtout ce même point qui attire de plus en plus l'attention des spécialistes de tous les pays. Les Allemands posent un châssis automobile léger sur deux roues motrices hautes mais très étroites, munies de saillies démontables très hautes et très larges, débordant de beaucoup des deux côtés. Ils assurent habilement la prise par la pression partielle de la jante étroite sur la large plaque de terre en prise, tandis qu'ils empêchent l'encroûtement des saillies au moins sur les parties débordantes.

Ceux d'entre eux qui sacrifient les avantages de la lourde charrue polysoc américaine accrochée par son accouplement articulé, élastique et découpable et avec ses socs indépendants et souples *profitent* de faire porter le poids et la pression verticale des socs par les roues motrices, tout en faisant des tentatives variées, d'assurer une régularité de profondeur et une certaine élasticité adoucissant pour moteur, saillies et socs (en acier supérieur) les à-coups de pierres occasionnelles. On a réussi à réduire à *100 kilos, le poids par cheval-moteur* de ces machines, y compris les socs.

L'énergie employée par hectare en compression nuisible y est certainement réduite à environ la moitié de celle appliquée au sol par les tracteurs courants, mais l'étroitesse forcée des roues motrices produit dans les ornières un degré de compression plus grand que chez les Américains.

Il est évident et bien connu que tous les constructeurs et bien des propriétaires de tracteuses ont fait leur possible de fixer sur leurs roues motrices (pour en augmenter la prise) toutes les saillies imaginables. La nouveauté allemande ne consiste que dans le rétrécissement des jantes et dans l'emploi de saillies très grandes et admises par des terres plutôt sablonneuses. Il n'y a donc pas lieu de les classer en dehors des *tracteurs.*

Le poids de toute machine automobile labourante et connue produit sur le sol arable une compression qui absorbe toujours une grande quantité de force motrice, presque toujours nuisible, *si elle n'est pas réparée de suite.* Malheureusement, les hommes et les outils aratoires traditionnels sont incapables d'admettre une vitesse du véhicule suffisante pour défaire de suite les briques que les roues de ces véhicules produisent dans nos bonnes terres agricoles.

SOMME TOUTE, l'idéal de l'adhésion indépendante du poids est encore loin d'être réalisé, bien qu'on s'en soit approché dernièrement. Les tracteurs, pour exercer une traction régulière et sûre, ont besoin d'un poids considérable d'au moins 100 kilos par cheval.

Les tracteurs et les concours de Winnepeg n'ayant répondu jusqu'en 1911 ni aux besoins ni aux questions essentielles des agriculteurs, voyons si le concours de 1912 a mieux satisfait. 28 machines furent mesurées et essayées comme d'habitude au déchaumage de prairie horizontale. Sur chaque machine, une centaine de chiffres sont relevés et minutieusement publiés sans le moindre commentaire.

Le successeur de M. Greig, l'ingénieur canadien Henderson, en tire ces deux seules conclusions lapidaires :

1). La dépense pour combustible par hectare a été pratiquement la même chez les différents systèmes, que ce fût charbon, pétrole ou essence. *C'est juste* et intéressant.

2). Que la fable du mauvais rendément du tracteur semble ébranlée, puisqu'à Winnepeg il fut de 80 p. c. en plus.

C'est complètement faux, mais suffisant pour déchaîner une réclame frivole faussant les idées du public.

Il semblerait peu poli de critiquer ici l'Amérique, même sur invitation de ce congrès, si Winnepeg n'était pas presque le seul grand centre d'information sur les tracteurs, et s'il ne nous était pas venu d'Amérique des preuves incontestables qu'au fond on y partage nos vues, que nous avons du reste déjà formulées en 1909, lors du Congrès international de *moto-*

culture à Amiens, où nous disions que les tracteurs ne rendent aux socs qu'une moyenne de *un tiers de la force* de leur moteur; 33 *p. c. au lieu de 80*, c'est une différence un peu trop sérieuse.

L'étude du rendement d'une machine.

L'étude du rendement d'une machine, c'est la recherche de ce qu'elle *rend* aux hommes pour ce qu'ils lui ont donné.

Les machines sont des dispositifs produisant certains mouvements servant aux besoins des hommes; qu'ils veuillent des mouvements plus grands, plus petits, plus forts, plus faibles, plus longs, plus rapides, plus précis, plus réguliers, plus compliqués et plus ennuyeux que ceux qu'ils veulent ou peuvent faire exécuter. C'est surtout la capacité de faire des mouvements *plus puissants* qui a rendu les plus grands services à l'humanité; c'est la capacité de fournir aux hommes *un surplus de force* au-delà de celle de leurs muscles, et de ceux de leurs animaux domestiques.

Au commencement de l'époque industrielle du XIXᵉ siècle, les machines furent peu nombreuses et faibles; les sources d'énergie semblaient inépuisables et l'insouciance associée à la thèse de l'*indestructibilité de l'énergie* tranquillisait bien les industriels, aussi bien que les agriculteurs que berçaient des rêves de leur *sol inépuisable.*

La marche rapide de l'épuisement de nos sources d'énergie, charbon et hydrocarbures, a effrayé les gens, même avant l'essor récent vers un emploi augmentant rapidement d'énergie par tête d'habitant, et avant la hausse actuelle de l'essence qui nous sert de leçon populaire.

Mais loin de réduire au minimum nos exigences personnelles, comme le font les Indiens et les Chinois, nous croyons arriver à notre bonheur social, « le plus grand bien pour le plus grand nombre » par l'emploi d'une grande quantité d'énergie pour la satisfaction de nos besoins. Ce qui y ronge les gens instruits, autant que la peur de l'épuisement des sources, c'est le *gaspillage d'énergie* par le fait *que nos transformations d'énergie brute en énergie à propos, voulue, sont accompagnées de pertes énormes.* L'exemple de la vie au moins aussi gaspillante des autres habitants de la terre (animaux et plantes), ne nous console pas. Notre égoïsme et notre conscience sociale nous poussent sans cesse à augmenter la partie utile des énergies déchaînées, en diminuant la partie inutile, souvent nuisible, perdue à la transformation.

Le rendement des moteurs à vapeur, à gaz, à eau, à électricité, qui nous donnent normalement de la force mécanique, dans un arbre tournant, a été beaucoup étudié et poussé très loin. Les machines à vapeur sont arrivées à ne manger qu'*un demi-kilo* de charbon, soit 4,000 calories par cheval-heure; les moteurs à explosion se contentent même de 200 grammes d'essence, donc à *1,600* calories; soit *cinq fois moins qu'il y a 30 ans*, et nous les savons si près de leur limite, que c'est bien plus intéressant aujourd'hui de diriger notre intelligence sur *l'emploi économique et aussi productif que possible de leur force.*

C'est là la question du jour, celle qui nous préoccupe surtout en motoculture, celle que nous allons étudier ici.

Nous ne nous perdrons pas en petits calculs mécaniques; il s'agit seulement de dégrossir la question.

Dans la plupart des machines, la force motrice entre par un arbre tournant et se transmet à l'outil même par des chemins plus ou moins simples, et moyennant des organes variés appelés *mécanismes*. Ce ne sont que les outils mêmes, burins, couteaux, poinçons, scies, balais, meules, rouleaux, marteaux, rabots, etc., qui *travaillent le matériel à transformer en produits.* Eux seulement pressent, écrasent, coupent, piquent, rapent, frottent, tirent, plient, tordent, etc.

Dans de nombreuses fabriques, la force du moteur est à moitié mangée dans les *transmissions* qui la transportent jusqu'aux arbres des différentes machines. Plus de la moitié de cette moitié se perd en général dans les mécanismes des machines, les usant en même temps que leurs lubrifiants. Du petit reste qui arrive à destination, disons 20 p. c., il se perd très souvent *la moitié* par le fait de l'outil mal formé, mal aiguisé ou usé; *10 p. c. seulement arrivant au but.* Toutes ces pertes sont en général constantes, inoffensives, et l'usure réparable à peu de frais, comparée au coût de la force perdue. Les parties frottantes sont facilement interchangeables, comme nos semelles, nos burins et nos socs. Les lubrifiants usés le sont de même. L'importance de ces pertes est assez facilement mesurable et assez connue, puisque les différents éléments des mécanismes sont au fond peu nombreux: paliers, engrenages, courroies, c'est pratiquement tout.

Suivant leur exécution et leur graissage, ils réclament, pour services rendus, une commission plus ou moins grande, de 1 à 10 p. c. par élément. La plupart des éléments frottants dans les machines du genre qui nous occupe ici, c'est-à-dire où il s'agit simplement de *transformer la rotation rapide d'un moteur dans la rotation lente d'une roue motrice*, tout le mécanisme ne se compose en général que de deux ou trois « *réductions* », c'est-à-dire des groupes de 2 roues avec leurs 2 ou 4 paliers. On peut dire que chaque réduction réclame environ 5 à 20 p. c. de l'énergie qu'elle transmet. Une automobile de luxe en prise directe perd 13 à 15 p. c. dans un engrenage et dans ses 8 paliers à billes; elle perd 20 à 25 autres p. c. dans ses pneus. Il y a 10 ans, on constatait la perte de force dans un camion-automobile 35 à 40 p .c. sans pneus.

Parmi les *tracteurs américains*, il n'y a guère que deux pour cent qui aient, comme les automobiles, des paliers à billes et des *engrenages taillés, marchant dans un bain d'huile renfermé dans un carter* étanche, bien que les marques sérieuses et progressives bravent la course au plus bas prix et déclarent indispensable cette exécution.

Dans tout mécanisme se composant de deux à trois engrenages, la perte totale ne s'éloignera pas *de 20 p. c.* même à l'état propre. Laissons les fabricants se disputer sur la petite différence possible. Ce pourcentage *est indépendant non du poids du tracteur, mais de la force transmise*.

Malheureusement le tracteur, tel qu'on l'achète, n'est pas une machine complète. L'acheteur la complète par la base sur laquelle il marche; que ce soit un rail, un chemin, un champ, il en a besoin pour tirer. Les Anglais ont appelé au début leur chemin de fer « continuous way », *chemin constant*, c'est-à-dire à résistances aussi constantes que possible.

C'est dans cette *constance* que réside la grande supériorité vis-à-vis des routes; constance de matériel, d'état et de pente.

Au lieu de lâcher la route pour du mieux, le tracteur la lâche pour *du pire*, de sorte qu'au point de vue du transport et dans le même ordre d'idées, nous devrions appeler nos champs *des chemins à surprises;* car les résistances éprouvées par les roues des tracteurs agricoles varient d'une *façon surprenante.*

La *résistance au roulement* des roues de nos voitures varie déjà fortement suivant le terrain sur lequel elles roulent, et suivant l'appropriation des roues à ce terrain. Elle a été beaucoup étudiée surtout par le général Morin. On s'est habitué *à comparer le pourcentage de la traction nécessaire à la charge de la roue.* Un bon fiacre sur bon macadam horizontal et ferme n'en trouve que 2 p. c.; sur pavé moyen, il en trouve 4 p. c.; sur route ordinaire horizontale, 6 p. c.; sur route chargée de gravier, horizontale, 10 p. c.

La résistance varie donc de 2-10, soit 1:5 p. c. pour roues lisses et pour terrain horizontal. Des *roues armées* de saillies pointes, etc., en éprouvent plus, même si elles *sont tirées* seulement. Si au surplus, elles *doivent tirer,* c'est-à-dire former leur *prise* et s'y *appuyer horizontalement,* leur résistance augmente davantage; au roulement s'ajoute le glissement. 1-10 p. c. Le professeur anglais Hele-Shaw avait fait voter par la *Société des Arts de Londres* 50,000 francs pour des essais dans cette direction. Ils ont échoué, et nous sommes encore dans l'obscurité, puisque les fonds vont vers l'aviation.

On peut cependant dire que les meilleures roues tractrices existantes (hautes et pas trop larges) trouvent dans nos champs agricoles des résistances *de 7.5 à 30 p. c.; 10 p. c. est rare, 15 p. c. normal, 20 p. c. fréquent* en automne, *25 et même 30 p. c. se présentant* par endroits après récolte des betteraves, etc.

La plupart des bons tracteurs, roulant à raison de *90 cm. par seconde,* une résistance de 7.5 p. c. signifie donc par tonne de charge totale *un* cheval de perdu; *15 p. c.* 2 chevaux; *22 p. c. 3* chevaux; *30 p. c. 4* chevaux. En saison humide, la pression des roues se transmet dans le sol selon les lois hydrauliques. Dépasser une certaine pression, l'air étant chassé, la terre passe de l'état d'un corps solide ou granuleux à celui d'un *liquide*, d'une *pâte;* elle cède dans tous les sens au lieu de se comprimer verticalement davantage, les roues s'enfoncent comme un corps immergé.

Un tracteur très normal et bon de Winnepeg 1912 donnant 35 chevaux aux freins, et pesant 7.5 tonnes (215 kilos par cheval) perd sur les 30 chevaux qu'il ose employer :

dans son *mécanisme* $\dfrac{30 \times 20}{100}$ 20 p. c. = 6 chev.

dans son *roulement* 15 p. c.
7,500 × 15 × 0.9   45 p. c. = 13.4 »

Il lui *reste au crochet* pour
labour 35 p. c.   35 p. c. = 10.6 »

Total 100 p. c. = 30 chev.

Quinze pour cent de résistance moyenne au roulement représentent donc une *perte nette de 45 p. c.* de la force du moteur; plus du double de la perte du mécanisme. Perte qui échappe à l'influence des soins du fabricant. Cette perte étant proportionnelle au poids, un tracteur pesant pour la même force la moitié (100 kilos au lieu de 200 par cheval), perdrait bien aussi 6 chevaux dans son mécanisme, mais 6.7 seulement au lieu de 13.4 dans son roulement, gardant pour labour *17.4* au lieu de *10.6,* égale 55 *p. c.* au lieu de 35 *p. c.*

Rondement et normalement cette résistance varie entre 10 et 20 p. c., donc du *simple au double* dans chaque champ.

La 3ᵉ résistance, celle des pentes, est malheureusement aussi proportionnelle au *poids* du tracteur, et également hors des efforts du constructeur et du fabricant. Heureux sont les fermiers de la plaine. Le fermier moyen doit compter avec des pentes de *10 p. c.* équivalentes à une résistance au roulement de *10 p. c.* Pour les gravir, le dit tracteur normal doit dépenser 6.7 chevaux = 22 *p. c.* de la force du moteur; le tracteur léger 3.35 chev. = 11 p. c. seulement. *Une réserve constante pour pentes est donc indispensable.*

Qu'un fabricant mette un peu plus de soins dans les dessins, l'exécution et le graissage de son mécanisme, il en prolongera la vie, mais il ne pourra pas en augmenter le rendement de plus de 5 à 10 p. c., et économiser par là plus de 2 à 3 chevaux. *Le mal vient, non de ces petites pertes constantes, mais des surprises énormes que, dans sa course impitoyablement prescrite, le tracteur découvre pas à pas.* Et il en découvre bien d'autres, car le rendement, tel qu'il intéresse l'agriculteur, n'est pas seulement le pour cent de la force du moteur que les *jantes* peuvent donner, mais on veut savoir ce que le *crochet* donne et surtout ce que la *charrue* donne.

Une des pires surprises des champs ce sont les endroits peu prévus qui *refusent aux roues* motrices *l'appui* nécessaire pour transmettre aux socs le reste de la force motrice, les dits 30 à 60 p. c.; endroîts glissants, sablonneux, sans verdure solidifiante. Plus le tracteur est léger par rapport à sa force, plus souvent éprouve-t-il cette sorte de surprises; c'est ce qui le force alors de réclamer des saillies efficaces ou des roues très amples; il ne *s'enfonce* ou ne *s'immerge* pas, mais il s'enterre avec ses *roues tournant sur place.* Ces cas même sans surprendre le conducteur se présentent normalement en automne à l'époque des labours sur les champs correctement déchaumés en été, amollis par les averses d'été et par la fermentation et privé du chaume, ce précieux appui des roues canadiennes, et mouillés par les pluies d'automne. Plus on a de forces, plus on y patine. Aux déchaumages, ce danger est moins grand. Là, ce sont des variations brusques de la résistance des socs qui gênent.

Tout agriculteur sait qu'on attelle à un soc de 1 à 10 bœufs suivant l'espèce et l'état du sol, la résistance par dm. carré variant de *20 à 150 kilos.* Sur chaque champ et le même jour il rencontre des endroits résistants aux socs tantôt avec la moitié tantôt avec le double de la force moyenne. L'animal y donne un coup de collier, réduisant sa vitesse et doublant facilement son effort, sans même dépenser plus d'énergie. Le tracteur y fait son possible, il use sa petite réserve de force, si les roues ne glissent pas avant; *ni changement de vitesse, ni élan du volant ou de la machine entière ne l'aident.* Le conducteur diminue un peu la profondeur, si c'est du labour profond. Si c'est du déchaumage, c'est délicat. La rugosité du champ rendant déjà assez difficile la prise d'une bande assez plate et assez régulière, sans que des socs perdent prise.

Le treuil vapeur et l'animal peuvent vaincre ces obstacles par des *coups de collier* quadruplant leur effort. Les diagrammes des dynamomètres enregistreurs montrent les belles réserves de force, sinon des bœufs, mais des chevaux et des treuils-vapeur.

La seule réserve possible du tracteur consiste dans un *grand surplus de poids et de force qu'il doit transporter* à travers les champs en les comprimant davantage et en dépensant constamment l'énergie pour son transport, même si cette réserve ne sert que pendant 1.5 p. c. du temps. *L'adaptation* si souvent proposée *de la vitesse à la résistance* par l'emploi de *changements de vitesse* est inutile, puisqu'un ralentissement n'améliore pas la prise et qu'une accélération, disons 50 p. c., qui serait donc la vitesse normale, utiliserait la *force du moteur*, mais non le *poids du tracteur*, forçant à réduire le nombre des socs et à augmenter en proportion les pertes et dégâts du roulement. Aussi, à l'allure de 1.5 à la seconde, le tracteur, son conducteur et les bandes de terre seraient trop secoués pour qu'il en résulte un *bon labour*.

Les surprises enfin les moins à prévoir, *ce sont les pierres*, cachées dans le sol que la pointe du soc *découvre* dans son parcours souterrain si strictement prescrit.

Les tracteurs américains sont infiniment mieux préparés que leurs concurrents allemands.

Le choc dépend surtout de la vitesse et du poids; huit tonnes heurtant à raison d'un mètre à la seconde une forte pierre bien encastrée y produisent un choc d'environ 20,000 kg., *dix fois* plus que la traction moyenne du crochet. Les charrues polysocs doivent donc se construire très solidement, comme cadre et comme socs, chaque soc étant exposé seul à des chocs produits par une masse nécessaire à 6 à 8 socs. C'est ce qui explique le poids énorme des charrues américaines et les tentatives allemandes de rendre *chaque soc indépendamment élastique* ou de monter le cadre élastiquement. Tant qu'il y a une chaîne entre le tracteur et le polysoc, le choc est adouci comme par le corps élastique de nos bêtes. Le système américain le plus avancé protège chaque soc par un boulon de sûreté en bois, qui se casse avant lui; il donne en outre à chaque soc la même indépendance qu'on donne aux socs des semoirs, pour leur permettre de se soulever, se régler, se nettoyer et de s'adapter au terrain indépendamment. Ce système permet en outre de supprimer un ou deux socs à la montée de champs inclinés, c'est-à-dire, cette opération n'est possible qu'aux deux bouts d'un champ.

Somme toute, les tracteurs, même les meilleurs, sont *constamment surpris* par des *résistances multiples* très *variables* et d'une apparition souvent *simultanée, cumulative, qui force* le conducteur à traîner constamment une forte réserve de poids et de force, en accrochant bien moins de socs que les circonstances spéciales des concours de Winnipeg ne semblent le permettre.

Les tableaux des expériences montrent dans six moments typiques l'influence de ces résistances sur le rendement d'un tracteur excellent et normal pesant 7,500 kg. et donnant 35 HP au frein. On voit à la base comme valeur constante, les pertes dans le *mécanisme* du tracteur. Sont superposées les résistances au *roulement*, variant si fortement sous l'influence de faibles variations dans l'état du sol.

Ce qui reste dessus, est disponible pour le *labour* et les *surprises*. La réserve modeste de 6 HP. égale à 18 p. c. de la force du moteur est minime, comparée à celle constamment dépensée par les treuils et les bêtes.

Nous avons tiré la *moyenne de 6 tracteurs* très réputés avec lesquels des essais furent faits à Winnepeg en 1912 dans les conditions les plus favorables. Leur rendement moyen fut de 52.4 p. c. Leur traction moyenne fut *26 p. c.* de leur tare.

Nous pouvons donc résumer, qu'un rendement

> de 60 p. c. est possible
> de 33 p. c. est normal
> de 20 p. c. est fréquent
> de 0 p. c. n'est pas rare.

Que le travail ameublissant utile de socs *peut* être 2.5 fois plus grand que le travail comprimant nuisible des roues, mais que normalement il n'y est *guère égal* et souvent *bien infé-rieur*.

Que si les socs pouvaient et devaient défaire la compression produite par les roues motrices et par leur propre poids additionnel, ils refuseraient le service chaque fois que la locomotion absorberait la moitié de la force motrice livrée aux roues motrices.

Comparez à ces chiffres incontestables la dite déclaration de M. Henderson (Winnipeg), avec ses 80 p. c. de rendement!

Nous ne pourrions mieux trancher la question qu'en citant les indications de la *Maison Hart-Parr*, qui, dans son catalogue distingue nettement :

1. Les chevaux *au frein*   100 p. c.

2. Les chevaux mécaniques *au crochet*, dépendant beaucoup du sol et de la prise des roues, montant *au maximum de 66 p. c.* à plat, sur terres fermes à bonne prise, avec roues en parfait état   66 p. c.

3. Les chevaux vivants ordinaires remplaçables en moyenne au travail sur sol ferme, horizontal   40 p. c.

Etant universellement admis qu'un cheval vivant, bien que capable de fournir pendant des *instants* 2 à 4 chevaux mécaniques, ne donne en moyenne de la traction effective, sans compter les interruptions, que 2/3 d'un cheval mécanique, on doit conclure de ces données de Hart-Parr qu'on ne peut compter que sur environ *25 p. c. de la force*, 25 p. c. au frein. Ceci étant entendu *sur terrain ferme et plat* n'inclue donc *que* les coups de collier provenant des endroits durs, mais non de ceux nécessaires en *pente*, sur terrain *mou* et en cas de la rencontre de *pierres*.

C'est donc l'honnêteté d'une excellente maison américaine qui prouve nos vues et qui condamne les chiffres superficiels de M. Henderson et de certaines réclames spéculant sur l'érudition incomplète de l'acheteur agricole.

Le second appui éloquent de notre critique, c'est la décision prise le 27 décembre 1912 par la Société des Ingénieurs agricoles américains sous la présidence de *M. Chase*, Membre du Jury Winnipeg, d'entreprendre des essais sérieux de Tracteurs, mais

1. de changer radicalement la liste des Points,

2. de laisser aux Canadiens, avec leurs *conditions agricoles totalement différentes* l'étude des Tracteurs lourds essayés jusqu'à présent,

3. de se concentrer sur les Camions-Tracteurs et sur les Machines Universelles.

La troisième preuve de nos dires c'est le virement actuel des meilleurs constructeurs américains vers des Tracteurs *bien plus légers*.

Le catalogue 1913 de l'excellente maison *Avery* recommande son nouveau modèle léger de 12-25 chev. pesant 120 kilos par-chev. et cité plus haut, disant *verbalement* :

» Il ne comprimera pas vos terres d'une façon nuisible.
» Il marchera sur sol mou.
» Vous pouvez prendre vos champs plus tôt au printemps ou après les pluies. Il ne gaspillera pas du combustible en transportant du poids inutile. Il travaillera sur tout terrain, admettant les chevaux. Les jours du tracteur lourd ont passé.
» *Des centaines de tracteurs lourds furent incapables de travailler* au printemps dernier, puisqu'ils ne pouvaient guère se bouger eux-mêmes sans charrues. Nous ne pouvons pas vanter les avantages capitaux du poids léger qui signifie pour vous, économie en combustible et en ennuis; et des récoltes plus fortes, puisque vous travaillez au moment où le travail doit être fait ».

Voyons ce progrès.

Le moteur donne 25 chevaux au frein; le tracteur pèse 3,350 kilos, soit 130 kilos par cheval. Le grand modèle léger donne 80 chevaux au frein, la machine pèse 9,000 kilos ou 112 kg. par cheval. Prenons 120 kilos comme moyenne:

Les six meilleurs tracteurs à Winnepeg en 1912 sont :

1.	5,175	26
2.	7,380	35
3.	10,000	56
4.	11,100	55
5.	7,350	25
6.	12,400	51
	53,405 kilos	248 chevaux

*Notre tableau a montré l'influence prépondérante du poids;
le remède d'Avery est donc correct si l'adhésion est assurée.*
L'Amérique s'est donc convertie à la formule européenne :

« Adhésion aussi indépendante que possible du poids ».

Mais elle garde les roues amples, ne donnant par dmc de
leur *projection* que 20-30 kilos de pression, tandis que les
Allemands vont au double pour rendre efficaces leurs selles.

La leçon a coûté à l'Amérique au moins 200 millions de
francs, sans compter l'essence brûlée et le sol comprimé en
vain.

Sur la base apparemment minime de 100 kilos par cheval
nous réduisons à la moitié toutes les pertes et résistances dé-
pendantes du poids. On pourra dire alors, que dans ce cas, un
rendement de :

70 p. c. est possible;
50 p. c. est normal;
40 p. c. est fréquent.

C'est alors la prise qui devient difficile et qui limite la traction utile moyenne. Ce n'est plus le moteur qui refuse mais le
sol. Les constructeurs ont certes fait leur possible.

Ils ont mûri une belle machine simple, robuste, maniable,
peu coûteuse. *Ce n'est plus le tracteur, c'est la traction qui fait*

défaut. Constatons pour terminer que sur la quantité totale d'énergie brute, confiée à la bouche du moteur, il nous rend

à son arbre   20-25 p. c.
au crochet   5-10 p. c.
au sol comprimé   10-20 p. c.

N'oublions cependant pas, Messieurs, que la question du tracteur est une *question non de bonne mécanique, mais de bonne culture;* non d'économie de combustible, de force et de coût, mais de *récoltes.*

L'acheteur d'un tracteur espère qu'il lui rendra :

     a) une meilleure récolte,
     b) une meilleure *rente,*
     c) une meilleure vie plus vivable.

Dry Farming [1].

par M. JULIEN

Consul de France Honoraire, Membre de la Société des Agriculteurs
de France, de la Société des Agriculteurs de Tunisie.

I. — *L'eau est le facteur essentiel de la productivité des terres.*

Dans le règne animal, les bêtes s'alimentent par la bouche;
une seule bouche leur suffit pour manger. Dans le règne
végétal, les plantes se nourrissent par les racines; et ces
racines, radicules, poils radiculaires sont pour chaque plante
des myriades de bouches qui vont, dans le sol, pâturer la
nourriture.

Cette nourriture, formée de matières diverses minérales,
les racines ne la happent que sous la forme liquide de solutions aqueuses. Ces solutions remontent des racines jusqu'aux
feuilles, cheminant un peu comme le sang en nos veines,
dans tous les tissus, de cellule en cellule, par osmose ou
capillarité, en de merveilleux phénomènes de mouvements
internes qui constituent le mécanisme de la vie végétale. Au
cours de ces mouvements, les solutions déposent les matières
essentielles dont se forment les tissus de la plante qui grandit
et les fruits qu'elle élabore pour reconstituer son espèce.

L'eau est donc aussi indispensable à la vie de la plante
que le sang à la nôtre. Dans les tissus végétaux, la circulation peut se ralentir; et c'est ce qui arrive quand une partie
des racines ne peut plus tirer d'eau de la terre. Mais, si elle
s'arrête tout à fait, si l'eau manque, si les solutions trop

(1) Consulter « La motoculture », par C. Julien. Librairie Hachette
Paris.

concentrées déposent leurs matériaux au hasard, obstruant les canaux, bouchant les pores, c'est fini; la plante cesse de croître, de fructifier, elle cesse de vivre.

Toute sa vitalité est demeurée subordonnée à ses besoins en eau, besoins que seul le sol interne, qui la porte, peut satisfaire. De la germination de la graine de blé jusqu'à la maturité des épis, c'est une ardente lutte que la plante conduit contre la terre pour la possession de l'eau.

Hélas! souvent il advient que le sol ne veut plus, ne peut plus rien donner; alors, quel que soit l'âge de la plante, jusqu'à sa complète maturité, c'est un désastre pour nos récoltes.

L'eau est donc bien l'élément essentiel qui régit la productivité des terres arables, qui en favorise la fécondité, qui en règle la fertilité. *Créer et maintenir à la disposition des racines les solutions nutritives internes nécessaires à l'alimentation des récoltes*, tel doit être le but pratique des façons et méthodes culturales. Ce but fixe la limite des efforts productifs du travail agricole, en même temps qu'il détermine le maximum probable de son rendement. Il est illogique d'attendre d'une terre une récolte qu'elle ne peut pas donner; mais il est regrettable aussi de ne pas tirer d'une terre à peu près le maximum de ce qu'elle peut rendre.

Pour savoir si une terre arable (et j'entends par là un sol agraire normal contenant en proportions utiles les éléments humus, argile, calcaire, silice, azote, acide phosphorique, potasse) est susceptible de produire une récolte donnée, il faut connaître, de toute évidence, les proportions de ces éléments nutritifs que cette récolte doit extraire du sol et donc les quantités d'eau minima indispensables pour véhiculer ces matériaux dans tous les organes de la plante. Si riche que soit une terre en aliments, elle ne peut donner que des pauvres récoltes si elle ne renferme simultanément, en son sein — aux profondeurs désirables et en temps opportun — les quantités d'eau nécessaires.

Dans les pays où les journées de soleil et de pluie alternent en périodes courtes et presque régulières, la végétation, sans grands efforts du cultivateur, règle sa croissance en une marche harmonieuse et continue : la semence germe, la récolte mûrit, sans heurts, sans aléas et le paysan trouve cela tout naturel; il ne cherche même pas à connaître les rouages cachés de ce vivant mécanisme.

Mais d'autres pays sont habités, d'autres terres sont culti-vées, où la végétation a des soubresauts désordonnés, où la semence ne germe pas toujours, où la floraison se fait mal, où les récoltes capricieuses viennent tantôt abondantes, tantôt nulles. Et ces pays-là, qui couvrent sur tous les continents d'immenses espaces, sont justement ceux où les journées de pluie (ou d'irrigation, car le problème est le même, quelle que soit, dans le sol, l'origine de l'eau) sont mal réparties.

Pour adapter à tous ces pays une agriculture rationnelle, il importe donc de dégager, au préalable, les principes d'ordre scientifique et général qui régissent, dans la vie végétale, le régime des eaux alimentaires. Et c'est un double problème qui se pose ainsi :

1° Etudier et définir les mouvements des liquides, des solu-tions aqueuses dans les couches du sol qui forment la terre arable;

2° Déterminer les besoins alimentaires de nos récoltes, be-soins qui fixent les exigences en eau de nos cultures et limitent la possibilité de leurs rendements.

Il apparaîtra ensuite de toute logique que les procédés de culture doivent être subordonnés à l'obligation de coordonner, dans un sol travaillé, ces mouvements des liquides avec les besoins de nos plantes de culture; toute méthode culturale rationnelle ne peut s'écarter de ce but.

II. — *Texture physique des terres arables.*

Quand on examine, dans une tranchée, une certaine épais-seur de terre arable, on voit qu'elle forme une masse à peu près homogène, parfois très colorée, grenue quand elle est sèche, souvent plastique quand elle est humide.

Si l'on attaque cette masse avec un instrument agricole, pour la réduire en miettes aussi fines que possible, ces miettes, même les plus fines, sont encore divisibles : *chacune est un agglomérat de matières diverses liées entre elles par une certaine cohésion.*

Un grain de sable pris isolément est un corps solide, un grain d'argile aussi; un brin végétal est déjà composé de cellules; et le groupement attractif d'un grain de sable, de grains d'argile, de cellules de carbone, dans un mortier colloïdal où la chaux, la potasse interviennent n'est plus un corps unique, mais un agglomérat poreux, si petit, si menu qu'il soit.

Dans un sol arable compact, les éléments constitutifs du sol ne sont donc pas isolés, mais naturellement groupés en *particules granulaires* de dimensions très diverses, souvent infimes, qui sont en contact les unes des autres, laissant entre elles des vides plus petits qu'elles, vides lacunaires communiquant entre eux dans toutes les directions autour des points de contact.

Une preuve qu'il en est bien ainsi, c'est que beaucoup de ces sols ont la propriété de se contracter sous la sécheresse (crevasses), de façon à occuper un moindre volume pour une même masse de terre et cette opération ne peut se faire qu'aux dépens de vides qui préexistent dans la structure normale d'un sol **détritique**.

Telle apparaît la constitution intime, la texture du sol arable normal, texture qui détermine ses qualités physiques.

On conçoit bien que cette masse soit susceptible, comme tous les corps poreux, de recueillir en son sein une certaine quantité d'eau (perméabilité, hygroscopicité); on conçoit aussi que cette eau forme dans la contexture solide du sol, — à travers les espaces microscopiques en lesquels elle chemine par *capillarité*, à travers les espaces lacunaires sur les parois desquels elle se maintient par force *adhésive*, — un réseau liquide, également continu.

On conçoit aussi qu'une terre arable, en cet état de compacité où les particules de terre et le réseau liquide occupent intégralement tout le volume de la masse, n'y laisse aucun passage ou que de faibles passages à la pénétration de l'air.

On ne saurait trop préciser ces caractéristiques physiques du sol arable, qui régissent les procédés culturaux auxquels sont liés les phénomènes de la végétation.

Dans un sol arable compact, de texture normale, l'eau n'a donc pour se loger que les pores internes des granules terreux et les vides laissés entre ces granules, comme elle se loge dans une étoffe grossière, dans un buvard, entre les fibres.

En cet état, une tranche de sol, si épaisse qu'on veuille la considérer, se comporte physiquement comme un morceau de *pâte poreuse* à l'égard d'un liquide.

Un principe de physique générale lui est applicable, qui veut qu'entre deux corps poreux inégalement humides (ou entre deux zones inégalement humides d'un même corps poreux) un mouvement du liquide s'opère de l'un vers l'autre jusqu'à un équilibre d'égale saturation.

Dès que l'eau de pluie ou d'irrigation mouille abondamment la surface, une attirance très forte se fait de haut en bas vers les couches plus sèches. Inversement, quand le sol arable étant fortement imbibé à grande profondeur, le soleil et le vent déssèchent la surface, l'eau des couches inférieures remonte pour s'évaporer à l'air et la terre s'assèche de plus en plus profond.

III. — *Continuité et capillarité.*

L'eau qui remplit les vides lacunaires, entre les particules de terre, enrobe celle-ci comme une fine pellicule élastique. A mesure que la capillarité ramène à la surface l'eau qui s'évapore, la fine pellicule s'étire, s'amincit sur chacune des particules — créant entre elles des vides où peut circuler l'air — jusqu'au point de ténuité extrême où l'on dit que la terre est complètement sèche. La force qui maintient l'eau adhérente à la particule de terre — et qui s'oppose même aux lois de la pesanteur cherchant à la détacher — est la *tension superficielle*, tension d'autant plus forte que, dans un même volume de terre, la surface libre des particules est plus grande, donc que les particules sont plus petites et plus nombreuses.

Quand la quantité de liquide augmente à la surface, par la pluie ou l'irrigation, la pellicule s'épaissit, les vides internes diminuent, la tension aussi; et, à ce moment, la terre est toute prête à céder une partie de son eau, soit à l'évaporation de surface, soit aux racines intérieures.

Dans une terre nue, presque toute l'eau du sol peut être attirée vers la surface par l'évaporation, qui, détruisant constamment l'équilibre de tension dans la couche supérieure, oblige l'eau intérieure à remonter.

Les plantes ne prennent pas l'eau à la surface, mais la puisent plus ou moins profondément, par leurs racines, qui provoquent également autour d'elles une rupture de l'équilibre de tension, appelant, aspirant l'eau de toutes directions des zones adjacentes.

Tant que le liquide est abondant dans le sol, la plante se nourrit avec ardeur; mais, quand il commence à manquer, quand les tubes capillaires de la plante, plus fins, donc plus puissants, aidés encore peut-être par une force osmotique particulière, ont presque vidé les espaces lacunaires du sol, une lutte s'établit à l'extrémité des poils pour la possession de l'eau, entre les forces capillaires de la plante agissant comme une pompe aspirante et les forces adhésives qui retiennent plaquées contre les particules terreuses une pellicule liquide de plus en plus mince.

Il arrive un moment où la tension superficielle appliquée à maintenir cette couche est assez forte pour contre-balancer les efforts de la plante et c'est alors que la plante souffre réellement du manque d'eau, puis de la *sécheresse*.

Dans un champ de culture, l'évaporation des liquides internes se fait donc à la fois par la terre et par les plantes.

On conçoit bien qu'un moyen quelconque empêchant l'eau de s'évaporer par la terre nue la laisserait en totalité disponible pour la plante cultivée.

Tels sont les phénomènes physiques les plus importants qui régissent les mouvements de l'eau dans le sol et la plante; nous n'aurons garde de les oublier quand, avec nos instruments de culture, nous viendrons *rompre* l'homogénéité de ce sol arable compact. Nous devrons impérieusement nous rappeler, si nous désirons *provoquer* ces mouvements, les *utiliser*, les *commander*, qu'ils ne se produisent que dans un *sol continu* et que toutes nos façons culturales, quel qu'en soit le but, doivent toujours rétablir cette continuité, quand elles l'ont rompue.

Le travail du sol divise, en effet, la masse homogène en fragments de différents volumes, suivant le degré d'ameublissement. Les mottes produites par nos outils ont couramment, comme dimensions, 1 millième de centimètre cube — ce qui n'est pas encore de la poussière — jusqu'à plusieurs décimètres cubes!!! Les intervalles créés entre ces mottes sont dans les mêmes variables proportions, d'autant plus étroites que les mottes sont plus petites, l'ameublissement plus complet, le tassement plus fort. A mesure que le nombre des mottes s'accroît, que les espaces lacunaires se rapetissent, les contacts capillaires augmentent et les mouvements des liquides qui y circulent se trouvent soumis à des lois différentes.

Dans les *vides lacunaires*, les lois de la pesanteur seules les régissent : les liquides descendent dans le sol par leur propre poids, atténué par le frottement d'adhésion. Ils ne sauraient en remonter, du moins, sous cette forme.

Dans les *espaces capillaires*, au contraire, les liquides cheminent par infiltration, d'autant plus difficilement que les espaces sont plus petits et que les terrains sont plus secs.

Les espaces contiennent, en effet, de l'air qui s'oppose à la descente du liquide et celui-ci glisse parfois ou ruisselle sur la surface comme si elle était huilée; c'est pourquoi, tombant sur un champ dans une couche de terre ameublie, l'eau des pluies s'y infiltre si aisément, tandis qu'elle dévale sur la terre nue des sols compacts.

En revanche, dans ces derniers, les liquides du sous-sol ont tendance à s'élever, d'autant plus haut et plus abondamment que les espaces capillaires sont plus nombreux dans un même cube de terre. Plus les particules terreuses sont fines, plus les terres sont tassées, mieux s'élève l'eau du sous-sol. Et si une couche à structure grossière succède à une couche à structure très fine, l'eau monte par celle-ci, mais demeure à la base de celle-là.

Nos voyageurs des déserts africains le savent bien, quand, pour s'abreuver, creusant à la main une nappe de sable supportée par une couche argileuse, ils trouvent au-dessus de l'argile compact une eau fraîche et abondante.

Les gaz, plus fluides que les liquides, et soumis aux lois de la dilatation, d'autant plus légers qu'ils sont plus chauds, d'autant plus lourds qu'ils sont plus froids, peuvent descendre et monter librement dans les espaces lacunaires, soit par l'effet de ces lois, soit en étant aspirés ou refoulés tour à tour par la respiration des êtres vivants qui *peuplent* en nombre infini les sols cultivés.

L'air en particulier descend dans ces intervalles, se charge de vapeur d'eau prise aux liquides, devient ainsi plus léger, remonte à la surface, évapore son eau et toujours recommence; c'est pourquoi il *assèche* terriblement les terres ouvertes, crevassées, les gros labours.

L'acide carbonique, produit des oxydations internes, produit de cette précieuse *activité microbienne* que nous ignorons trop, remonte dans cette trame de parois humides et y provoque à son tour des actions chimiques sur les matières minérales du sol pour les rendre solubles, assimilables, *digestibles*.

Les gaz, qui ont la propriété de passer à travers les fines membranes, doivent bien circuler aussi dans les espaces capillaires, soit quand ces espaces sont vides de liquides, soit comme des index, dans les colonnes mêmes de liquides ascendants, index aptes à se dilater et capables de hâter l'ascension.

Mais ils ne sauraient descendre dans ces espaces capillaires, quand ceux-ci sont gorgés de liquides.

Il faut donc, sans aucun doute, qu'il y ait dans toute l'épaisseur d'un sol arable cultivé à la fois des vides capillaires et des espaces lacunaires; ces derniers pour laisser pénétrer en abondance l'eau dans la masse et les gaz de l'air à sa suite; les autres pour retenir, mobiliser une partie des liquides (l'imbibition de la terre le réalise) et les empêcher de descendre trop bas, mais surtout pour les remonter du sous-sol quand la zone supérieure s'assèche et que les plantes en ont besoin.

Il semble bien qu'il y ait le plus grand avantage à *réduire* les dimensions des espaces lacunaires jusqu'au point où les vides capillaires *augmentent utilement*. Or, pour réduire les dimensions des espaces lacunaires et accroître les contacts capillaires, il suffit de diviser la masse en molécules aussi petits et aussi pareilles que possibles; il faut dans toute l'épaisseur du sol travaillé, produire un ameublissement complet et *homogène*. Sachant que, dans la terre, la plante s'alimente de matières minérales, que les microbes s'y nourrissent de matières organiques et que les excrétats de cette vie microbienne sont indispensables pour assurer l'alimentation de la plante, on comprend bien qu'une *relation* doit exister entre l'état physique auquel nous devons amener nos terres de culture et les besoins de la vie végétale.

On voit ainsi que, dans nos labours, le *rétablissement* des communications capillaires, entre le sol attaqué par les instruments de culture et la zone sous-jacente, est d'autant plus indispensable que les provisions d'eau interne sont moindres et que la consommation alimentaire des plantes est plus forte. Tous les procédés culturaux des *pays secs* doivent graviter autour de cette impérieuse obligation.

IV. — *Recueillir les eaux et les conserver.*

Toute quantité d'eau qui tombe sur le sol sans y pénétrer profondément, toute humidité qui s'évapore du sol par une autre voie que la plante est absolument nulle et d'aucun intérêt. Seule est intéressante celle qui demeure en un juste équilibre dans la terre, à la disposition des racines, sans être trop abondante pour obstruer les conduits qui leur amènent l'air, sans disparaître non plus au delà des zones où l'action capillaire serait impuissante à la joindre et la remonter.

Il apparaît de suite ici que le but à atteindre, par nos travaux de culture, est de réaliser, dans toutes nos terres, une structure idéale *qui leur donne à la fois une perméabilité suffisante et un pouvoir intense de capillarité*.

Dans les pays où les eaux tombant du ciel se font trop attendre, il faut donc recevoir les pluies sur des terres facilement perméables, en lesquelles elles puissent s'infiltrer très vite sans ruissellement, comme une goutte liquide tombant sur un buvard; il n'est pas d'obligation plus essentielle. Et le buvard épais, le buvard nécessaire, dont les praticiens des deux continents reconnaissent partout aujourd'hui la pleine efficacité, c'est un *sol en jachère*, c'est une couche de terre ameublie, grumeleuse, dont le fond ne soit pas lissé, ciré, durci (plow sole) par nos instruments de culture, dont l'épaisseur soit uniforme pour que l'infiltration du liquide se fasse uniformément en de minces filets.

De cette couche spongieuse fortement imbibée, l'eau est ensuite attirée dans le sol sous-jacent. Et c'est là dans ce sous-sol arable que s'accumulent les provisions, que se constituent les réserves, que s'homogénisent les solutions aqueuses, que se répartissent, prêtes à remonter vers la surface à l'appel des racines, les rations alimentaires de nos végétaux cultivés.

Nos arbres, nos arbustes vont les aspirer très profondément; nos cultures herbacées, à vie courte, à évolution rapide, veulent les saisir plus près pour nous donner de hâtives récoltes. Et plus ces rations sont abondantes, plus ces réserves sont riches, mieux elles sont préparées *avant l'heure* où la végétation en a besoin, mieux assurées aussi et plus abondantes seront nos récoltes : céréales, fourrages, fruits de toutes espèces.

L'obligation de ne pas laisser remonter ces solutions alimentaires autrement que pour satisfaire les besoins de nos cultures se révèle ici comme une évidente nécessité.

L'eau du sol qui s'évapore à l'air sans passer par les racines de nos plantes est une richesse naturelle qui se perd. Il faut donc la soustraire à l'appétit des vilaines maraudeuses que sont les plantes parasites. Il faut encore et surtout empêcher l'évaporation de surface par la terre elle-même, évaporation qui se fait d'autant plus intense, à fleur du sol, que la couche travaillée y reprend plus de compacité, que l'air extérieur est plus sec, que le vent ou le soleil sont plus énergiques.

Le seul mode certain d'empêcher les plantes parasites d'épuiser nos sols de culture est de les détruire par des *sarclages répétés* au fur et à mesure qu'elles poussent. Le seul moyen pratique d'empêcher une évaporation intempestive, alimentée par une capillarité intensive dans un sol compact, consiste justement à *rompre cette compacité* vers la surface; en supprimant la cause, on détruit l'effet. Confirmant le vieil adage : « Deux binages valent un arrosage », les praticiens des deux continents sont, aujourd'hui, non moins unanimes sur ce point : *pour empêcher l'évaporation des terres, il suffit de créer et d'entretenir à leur surface une légère couche ameublie, grumeleuse, bien régulière et bien uniforme dans une épaisseur de quelques centimètres.*

Virgile avait dit à peu près cela dans ses Géorgiques; Varron, Palladius l'ont confirmé; le Carthaginois Magon, bien avant eux, le Maure Ibn El Aouam, bien après eux, l'ont répété aux civilisations méditerranéennes; les grands agronomes français Dombasle, Dehérain, Grandeau l'ont enseigné à nos générations; et, aujourd'hui, les Hilgard, Widtsoe, Burns, Campbell en Amérique, les Kerpely et Fechtig en Hongrie, les Macdonald en Afrique Australe, les Bornemann, Strecker en Allemagne, les Bourdiol, Bernard, Lejeaux, Marès dans l'Afrique française (et avec eux toute une pléiade d'agriculteurs et de techniciens) pratiquent et propagent ces méthodes, dites scientifiques, mais vieilles comme le monde.

V. — *Prescriptions culturales.*

Pour assurer la liaison entre le sol travaillé et le sous-sol qui le porte, pour rétablir de l'un à l'autre la continuité indispensable à l'action capillaire, W. Campbell, le prototype du Dry Farmer américain, recommande deux choses : 1° avant le grand labour, créer en surface, à l'aide de herses à disques ou à dents, une couche finement ameublie, pour la renverser ensuite au *fond du sillon;* 2° détruire les mottes produites par la charrue, ameublir le labour, non seulement en surface — ce qui laisserait dans le fond du sillon des vides, des cavernes entre les mottes — mais jusqu'au fond interne du labour et cela par l'usage d'un rouleau *compresseur* de sous-sol.

Ce que veut réaliser Campbell, avec son outillage d'instruments usuels (charrues, rouleaux, herses...), c'est donc une épaisseur de terre *uniformément ameublie* de la surface jusqu'au fond du sillon; et la poussière qu'il jette au fond n'a pour rôle que d'assurer plus aisément la liaison nécessaire entre le sous-sol non attaqué et les mottes produites par la charrue. Il advient ainsi : qu'il augmente à la fois, à l'infini, le nombre des miettes de terre, l'étendue de leur surface totale et la multiplicité des points de contact ou d'adhérence d'une miette à l'autre; qu'il assure la liaison du sous-sol compact avec la base de la couche ameublie.

Dans une couche demeurant perméable à l'air et à l'eau, mais fortement tassée, il rétablit par là un maximum de continuité entre le sous-sol et cette couche et rend possible, entre les deux, le *retour de l'action capillaire*.

En Europe, la machine de l'ingénieur Meyenburg, qui a pris le nom français de « Motoculteur », étudiée et construite pour répondre aux desiderata du Dry farming, réalise d'un coup, et en un seul passage, *sans tasser le sous-sol* et en évitant le funeste *plow sole*, cette couche idéale désirée par Campbell, recommandée par Dehérain, Schlesing, Dombasle, Rezek, Rümker, Mitscherlich...

Ce qu'elle réalise encore d'une façon idéale — et je ne puis m'empêcher de le signaler ici aux praticiens du Dry farming — c'est la couche *mulch* superficielle, épaisse de quelques centimètres, que Campbell recommande de créer et d'entretenir à la surface de nos terres et de tous nos labours pour empêcher l'évaporation de l'eau interne.

Une troisième prescription de la méthode Campbell est celle qui consiste à herser, — sans cesse et selon les besoins, — les champs ensemencés sur lesquels poussent et grandissent nos cultures : céréales, luzernes, maïs. Campbell voudrait entretenir sur la surface de ces champs cultivés, malgré la présence des plantes, une fine couche ameublie, de façon à empêcher l'évaporation de la terre et *réserver* toute la provision d'eau interne à la végétation.

Ce désir est pleinement logique, mais il cesse d'être pratiquement réalisable lorsque les plantes ont grandi, approchant de la floraison; à ce moment-là, aucun agriculteur sérieux ne consentira à faire patauger dans ses récoltes des *attelages de herses*, si hautes que soient les dents.

Et, pourtant, il ne faudrait pas laisser se tasser le sol de ces champs de blé. La culture rationnelle, en terres sèches, comporte une suite de préceptes formant comme une *chaîne ininterrompue;* si un anneau vient à manquer, la chaîne est cassée et ne sert plus à rien. En l'espèce, s'il est une époque du *cycle végétal* où la couche protectrice superficielle ne puisse pas être maintenue ou rétablie, le bénéfice des efforts antérieurs est totalement perdu; ceci arrive fatalement aux récoltes qui ne peuvent plus être hersées après leur montée en tiges. Si des pluies tombent alors, la terre se tasse vite, durcit, évapore avec énergie, se crevasse même; en quelques jours, le sol se vide, si bien qu'à la floraison, à l'instant où les *migrations* de matières nutritives doivent se faire de la tige au grain, l'eau qui doit les véhiculer peut venir à manquer·

C'est pourtant l'instant solennel où la plante accumule ses réserves, où la fortune de l'agriculteur se crée; en quelques heures, si l'eau fait défaut, tout est perdu; les solutions trop concentrées cristallisent dans les tissus, bouchent les pores et rien ne passe plus, les épis demeurent vides, les grains chétifs, avortés.

C'est ce redoutable aléa que corrige la *Méthode algérienne*, intelligente application des idées émises par Icthro Tull et Duhamel du Monceau : en effectuant toutes cultures en lignes espacées, céréales, fourrages, maïs, coton, etc., par *larges interlignes* dans lesquels il soit possible de réaliser et maintenir, tout le long de l'année, la couche *mulch*, protectrice contre l'évaporation. .

Cette méthode, qui tient un compte raisonné de toutes les données scientifiques du problème, réalise vraiment la solution pratique de la culture en pays secs et en étend, au maximum, la possibilité; les résultats qu'elle donne font bien augurer de son avenir.

VI. — *Quantités d'eau exportées par les récoltes.*

Les principes physiques ainsi dégagés et les applications pratiques qu'il comportent sont d'ordre général, pour toutes les cultures, pour toutes les terres ; ce sont des bases agrologiques, trop négligées jusqu'ici, dont le rôle essentiel doit être de *coordonner*, en vue d'une exploitation intelligente des richesses du sol, le merveilleux travail de la nature avec celui de l'agriculteur.

Il importe beaucoup moins peut-être d'enrichir les terres en engrais d'importation, de sélectionner les semences, d'acclimater les espèces convenant le mieux aux régions arides que de fournir à nos cultures, par tous les moyens en notre pouvoir, *en quantités utiles et en temps opportun*, les quantités d'eau minima dont elles ont besoin pour assurer leur plein développement.

Nous avons le moyen, par des façons culturales appropriées, de corriger, dans une très large limite, les caprices de la climatologie; nous pouvons accumuler au sein de nos terres arables et les y conserver, même d'une année à l'autre, pour les besoins de nos cultures, les pluies ou les eaux d'irrigation dans les pays où elles sont trop parcimonieusement réparties.

Il ne nous reste plus qu'à établir scientifiquement et expérimentalement quels sont, au total, les vrais besoins en eau de nos diverses cultures, herbacées ou arbustives et, pour la durée de chacune, la courbe de *variation de ces besoins*.

C'est la seconde phase du problème du Dry Farming; celle qui doit permettre de dire, après un examen documentaire des terres et une étude attentive de la climatologie locale, s'il est possible ou s'il est impossible d'effectuer dans un pays, avec chances de réussite, telles ou telles cultures.

Mais ici, hélas! les données éparses de la documentation, si abondantes qu'elles soient, sont trop peu précises encore, trop discordantes pour fournir des certitudes.

Nous voudrions savoir quelle est la quantité d'eau que les plantes de nos cultures — le blé, par exemple, — doivent puiser dans le sol, sous forme de solutions nutritives, pour déposer dans leurs tissus (épis, tiges, feuilles, racines), les quantités de matière *sèche* finale qui constituent la récolte.

Cette récolte, en grains de blé, représente généralement à peu près le quart de la matière sèche totale; ce qui veut dire qu'une récolte de 15 quintaux de grains à l'hectare provient d'un poids total, en matière sèche, de 60 quintaux ou 6 tonnes.

Si nous pouvons établir quel est le volume et le titre des

solutions aqueuses qui doivent *préexister* dans le champ — avant l'heure des besoins — pour constituer ces 6 tonnes de matière sèche finale, nous pourrons en déduire, par comparaison, le rendement probable d'autres terres, suivant l'abondance de leurs réserves liquides.

Hall, de Rothamsted, Dehérain, Lawes et Gilbert, Schleiden, Rissler, Hellriegel, Wolny, King, Sorauer, Widtsoe, Merrill, Haberlandt, Vasque, Von Hohmel, Guittard, d'autres encore ont tour à tour abordé la question et fourni des amas de chiffres.

Mais, soit que les expérimentateurs n'aient pas procédé dans des conditions identiquement comparables entre elles, soit qu'ils n'aient pas éliminé, au préalable, toutes les causes susceptibles de laisser l'eau s'échapper par une autre voie que les plantes étudiées ou qu'ils n'aient pas rapporté les résultats à la même quantité de matière sèche, séchée à la même température, ces chiffres sont d'une discordance inquiétante. Il faut arriver là à des précisions; ce sera, dans l'univers, l'œuvre de demain.

Widtsoe écrit : On ne s'éloigne guère de la vérité en disant que, dans des conditions de culture normale, 750 kilogrammes d'eau environ sont nécessaires dans une contrée aride pour la production d'un kilogramme de matière végétale sèche. L'éminent expérimentateur est-il bien sûr de ce chiffre ?

De tous ceux que j'ai pu recueillir, il semble résulter que les quantités d'eau indispensables aux récoltes pour constituer un kilogramme de matière sèche (grains, tiges, feuilles, racines) varient :

Pour le blé	de 225 à 338 litres.
Pour l'orge	de 262 à 774 litres.
Pour l'avoine	de 376 à 665 litres.
Pour le trèfle	de 249 à 453 litres.
Pour les pois	de 235 à 477 litres.

Si on admet le chiffre de 300 litres pour le blé, cela revient à dire qu'une récolte de 15 quintaux de grains à l'hectare, représentant un poids total de 6,000 kilos de matière sèche totale, a dû prélever dans le sol 6,000 × 300 = 1,800,000 litres d'eau, soit 1,800 mètres cubes, soit, sur une surface de l'hectare, 180 m/m de hauteur totale.

Ce champ n'aurait pu donner qu'une récolte de 7.5 quintaux de grains, s'il n'avait pu livrer aux racines des plantes que 900 mètres cubes de liquide; il aurait pu peut-être produire, au contraire, jusqu'à 30 quintaux s'il avait eu disponibles 3,600 mètres cubes de solutions alimentaires.

Ces chiffres démontrent lumineusement que l'eau est bien, dans un sol arable, le *facteur essentiel* de sa productivité. Mais il ne faut pas que ces chiffres nous trompent; ce sont des chiffres *minima* qui représentent seulement le cube de liquide *efficace* qui a dû passer dans les plantes du champ de blé, de la germination du grain à la maturité de l'épi. Ces minima ne font naturellement pas état des quantités d'eau évaporées directement par le sol, avant et pendant le cycle de la végétation, ni par les herbes parasites.

On ne saurait donc en déduire encore que des quantités d'eau égales, fournies par les pluies ou les irrigations, seront toujours suffisantes pour assurer d'égales récoltes; en réalité, dans nos errements actuels, ils ne sont qu'une *fraction inconnue* de la quantité d'eau totale fournie annuellement au terrain.

Les méthodes de culture rationnelle, dont je viens de résumer trop succinctement les données essentielles, ont justement pour but de permettre à l'agriculteur de *faire varier*, sur ses terres, l'importance de cette fraction efficace, de l'augmenter, d'atténuer les causes qui voudraient la restreindre, de *soustraire ainsi l'éventualité des récoltes aux hasards des précipitations atmosphériques.*

La culture en pays secs, la mise en valeur et l'exploitation de leurs terres arables ne semblent donc possibles qu'à la condition de subordonner les méthodes culturales et les assolements à certains principes — d'ordre scientifique — qui se révèlent au raisonnement par une observation plus attentive des phénomènes agrologiques. Dans cette voie, où tant d'expérimentations sont déjà réalisées, l'étude approfondie des mouvements des liquides internes en un sol travaillé et des moyens pratiques de coordonner ces mouvements avec les phénomènes de nutrition de nos végétaux cultivés (arbres, arbustes ou plantes herbacées) doit conduire à fixer les bases définitives — trop imprécises aujourd'hui — d'une agriculture plus rationnelle et moins empirique.

Paris, 23 mars 1913.

Méthodes mécaniques et méthodes diverses pour la réduction de la main-d'œuvre agricole.

La traite mécanique

par **C. HUYGE**

Assistant à la Station laitière de l'Etat à Gembloux (Belgique).

La nécessité de substituer la machine à l'homme pour la traite des vaches devient impérieuse, principalement dans les régions à grande culture, où les ouvriers trayeurs se font de plus en plus rares. En Belgique, bon nombre de cultivateurs ont adopté la traite mécanique, mais rares sont ceux qui ont obtenu de bons résultats. Dans la généralité des cas, l'insuccès a été complet : la machine a dû être abandonnée après quelques mois d'usage.

En recherchant les causes des insuccès, on constate toujours qu'elles résident soit dans la machine, soit dans l'incompétence du personnel. La vache n'est qu'un facteur tout accessoire; c'est un fait qui semble bien acquis: une bonne trayeuse, bien conduite, est à même de traire convenablement toutes les vaches indistinctement.

Il existe actuellement un assez grand nombre de systèmes de trayeuses et les moyens mis en œuvre pour obtenir les mouvements de la mulsion, diffèrent d'une machine à l'autre; la majorité d'entre elles utilisent un intermédiaire: air comprimé, air raréfié, eau sous pression, etc. Dans quelques-unes l'intermédiaire est supprimé et le fonctionnement est assuré par des pièces mécaniques actionnées directement par une manivelle ou une transmission.

Toutes les machines peuvent être ramenées à l'une des trois classes suivantes :

1° Machines opérant par succion:

2° Machines opérant par compression;

3° Machines opérant par succion et par compression.

De ces trois modes d'action des trayeuses, le dernier est à notre avis le plus parfait à l'heure actuelle et les systèmes basés sur cette double action: succion et compression sont ceux qui donnent pratiquement les meilleurs résultats. En général, dans les appareils à effet unique, l'action est ou bien trop brutale, et alors la vache réagit, ou bien très imparfaite et insuffisante pour provoquer l'extraction totale du lait du pis.

Il existe encore actuellement des trayeuses mécaniques actionnées par une manivelle; les constructeurs de ces appareils ont mal résolu la question de la traite mécanique, car ici il n'y a guère de réduction de main-d'œuvre; un ouvrier ne trait qu'une vache à la fois et il ne peut surveiller son travail d'une manière sérieuse, ni opérer le massage du pis, étant trop absorbé par la manœuvre de la manivelle. A côté de ces machines dont les défauts sautent aux yeux, et d'autres qui sont insuffisamment au point pour pouvoir être utilisées en pratique, on trouve plusieurs systèmes répondant parfaitement à leur but, fonctionnant bien, à action douce et régulière, incapables de provoquer des perturbations dans la lactation. Bien conduites, ces machines opèrent la traite complète et leur usage prolongé n'occasionne ni diminution de rendement, ni tarissement prématuré, ni aucun autre accident. Les vaches les acceptent très facilement, se montrent très dociles, plus dociles même que lors de la traite à la main.

Si l'insuccès de la traite mécanique est parfois imputable à l'appareil employé, c'est cependant l'exception; la majorité des abandons forcés qu'il nous a été donné de constater sont dûs à d'autres causes qui se tiennent étroitement: l'incompétence et la négligence du personnel.

Tout le monde peut tirer du lait du pis d'une vache à l'aide d'une machine, mais il ne faut pas en conclure que tout le monde sait traire à la machine. Les choses ne sont pas aussi simples; il faut ici, plus encore que pour la traite à la main, un apprentissage sérieux et, pour bien mener les opérations, un grand esprit d'observation, de l'ordre, de la méthode et principalement une propreté méticuleuse. Confier une machine à traire à un vacher ordinaire serait une grave erreur qui aboutirait certainement à de nombreux déboires.

Pour bien fonctionner, les machines à traire demandent à être entretenues avec soin dans toutes leurs parties et nettoyées convenablement après chaque emploi. Si ces précautions fondamentales ne sont pas strictement observées, le lait aura vite encrassé l'intérieur du mécanisme, au point de rendre le fonctionnement irrégulier, ou même impossible par suite d'obstruction. En outre, la moindre trace de lait restant dans les tuyaux ou dans un recoin des **organes trayeurs**, amènera par sa décomposition l'infection du lait frais des traites suivantes et, après quelque temps, la traite mécanique laissera à désirer, le lait récolté sera de très mauvaise conservation. Au lieu de recher la cause du mal, le fermier s'empresse généralement de conclure que la machine ne vaut rien et que les trayeuses mécaniques en général ne valent rien. Personnellement, j'ai vu en Belgique le cas d'un fermier qui, dans l'espace de six mois, avait dû abandonner successivement deux très bons systèmes de machines à traire, pour reprendre finalement la traite à la main, uniquement à cause du manque de soins et de propreté.

Les différentes opérations que comporte la traite mécanique sont :

1° Le montage et la vérification des appareils;
2° La traite proprement dite;
3° Le massage;
4° L'enlèvement des appareils;
5° Le démontage et le nettoyage.

Voici quelques détails pratiques relatifs à ces différents points :

1° *Montage et vérification des appareils.*

Il serait désirable que tout propriétaire d'une trayeuse mécanique disposât d'un petit local où il concentrerait le moteur, la transmission, l'appareil à vide ou à air comprimé, ou la pompe à eau, etc., selon le système qu'il a adopté. Il serait avantageux

v2

d'y installer une table et une armoire pour remiser les appareils entre les traites; c'est également dans ce local qu'il sera procédé au lavage des organes de la machine à traire. Cette salle sera bien éclairée, bien aérée, propre; elle sera située près de l'étable, sans être en contact trop direct avec elle ; il faut au moins une bonne porte de séparation, fermant bien, pour que les vapeurs et les émanations de l'étable n'y pénètrent pas.

Après chaque traite, les appareils sont démontés pour le nettoyage, et c'est seulement au moment de s'en servir qu'il faut les remonter et les examiner attentivement pour s'assurer une dernière fois de leur parfait état de propreté. Les différentes parties sont vérifiées, surtout les organes en caoutchouc; l'appareil remonté sera mis en marche sur la table d'essai; on mettra une goutte d'huile là ou c'est nécessaire. Ce n'est qu'après avoir satisfait à cette inspection sévère que l'appareil pourra être admis à la traite, qui, dans ces conditions, se fera sans encombre. En opérant autrement, on s'expose à des désagréments: un appareil peut mal fonctionner par suite d'un mauvais remontage, d'une crevasse dans un caoutchouc, manque d'huile ou autre chose; le préposé s'apercevra du fonctionnement défectueux pendant la traite et perdra un temps précieux à vouloir y remédier provisoirement, alors que s'il avait fait la vérification préalable, il lui aurait fallu à peine quelques secondes pour remettre les choses dans leur état normal.

2° *La traite proprement dite.*

Les appareils remontés et vérifiés sont transportés à l'étable. Avant de commencer à traire, on s'assurera si le pis et surtout les trayons sont parfaitement propres ; s'il le faut, on les frottera avec un linge convenable. Comme pour la traite ordinaire, il est indispensable de faire sortir à la main cinq ou six jets de lait de chaque trayon pour éliminer les germes qui pullulent ordinairement dans le canal, et ce n'est qu'après cela que les appareils trayeurs seront mis en place, en observant les indications fournies par les constructeurs, car le mode opératoire varie quelque peu avec les systèmes. La pose de l'appareil exige un tour de main que l'on acquiert rapidement ; il faut une certaine pratique pour opérer sans hésitation, en tenant compte du tempérament de la bête à laquelle on a affaire, du genre de pis, de la forme des trayons, etc. Certaines bêtes sont chatouilleuses, d'autres nerveuses et, pour éviter les surprises, il faut toujours procéder avec douceur. Quel que soit le mode de traite, un coup de pied est vite donné et peut dans le cas de la mulsion mécanique renverser, sâlir ou détériorer l'appareil.

Certaines vaches ne supportent pas que l'on chausse un trayon avant un autre ; d'autres s'effrayent à la première sensation de l'appareil ; il en est qui se laissent très bien poser l'appareil par la gauche et se rebiffent quand on tente de le poser par la droite. Bref, si les vaches se font rapidement à la traite mécanique, elles acquièrent tout aussi rapidement des habitudes, des manies, qu'il convient de ne pas contrarier. Il faut les traire comme elles le préfèrent, adopter toujours le même ordre, la même méthode pour chacune d'elles, et toujours opérer avec la plus grande douceur.

De la façon de poser l'appareil dépend souvent la bonne réussite de la traite, tant au point de vue du temps que du travail effectué ; en effet, quand on dérange la vache par trop de tâtonnements, elle ne donne pas son lait d'une façon normale.

Un point important dans la mulsion mécanique, est l'ordre dans lequel les animaux sont traits : il doit être bien établi et combiné de manière à éviter tout encombrement dans le travail et à réduire au minimum les pertes de temps. Pendant toute la durée de la traite, le préposé doit avoir à s'occuper d'une manière continue ; c'est le seul moyen de faire de la bonne besogne, parce qu'elle se fera à l'aise, sans précipitation, sans surmenage à certains moments et inactivité forcée à d'autres. (Voir *Annales de Gembloux*, 1ᵉʳ mai 1912).

Le temps nécessaire pour traire une vache reste sensiblement constant pendant toute la durée de la lactation; j'ai constaté ce fait sur une quarantaine de bêtes. Au début de la lactation, le lait est abondant et s'obtient facilement; vers la fin de la période d'activité du pis, la traite se fait plus difficilement et il faut à peu de chose près le même temps qu'au début, malgré que la quantité de lait soit moindre.

L'ordre de la traite, une fois bien établi, peut donc être maintenu aussi longtemps qu'il ne se produira pas de changements dans le troupeau (tarissements, vêlages, réduction ou augmentation de l'effectif, etc.).

Les particularités observées lors de la traite à la main se reproduisent dans la traite mécanique (par exemple, une vache « dure ou forte » à la main, sera « dure ou forte » à la machine, et inversement), et ces indications sont précieuses : avec un peu d'habitude, on en déduit immédiatement la façon dont il faudra pratiquer la traite mécanique et le massage.

Tout ceci peut faire paraître le travail difficile et compliqué; il n'y a cependant pas lieu de s'alarmer. Certes, les premières journées sont laborieuses : on ne connaît pas bien les bêtes, on n'est pas familiarisé avec le maniement des appareils, on court, on s'agite et il faut une heure là où quelque temps après on achèvera tout en une demi-heure et bien à son aise. Plus que toute étude préalable, la pratique indique comment il faut procéder ; avec un peu de soin et d'esprit d'observation, les difficultés du début sont rapidement surmontées. Le travail se fera machinalement et sans effort; la traite deviendra un jeu, toujours le même.

3° *Le massage.*

Le massage est indispensable pour obtenir la vidange complète du pis quel que soit le mode de traite adopté : la main ou la machine. C'est donc une opération très importante et le trayeur ne peut s'en dispenser ou la négliger sous aucun prétexte.

Il existe certainement des vaches douces à traire, laissant vider complètement leur pis sous la seule action de la machine, surtout pendant les premières semaines de la lactation, alors que le lait est très abondant, mais c'est l'exception et, dans la généralité des cas, le trayeur doit suppléer à la machine par le massage du pis. Cette besogne n'est ni longue, ni pénible, ni difficile et, quand l'ordre de la traite a été convenablement établi, le trayeur dispose du temps nécessaire pour l'effectuer.

En principe, le massage consiste en un travail plus ou moins énergique du pis à l'aide de la paume des mains et avec intervention plus ou moins prononcée des doigts, surtout des pouces. Les mains glissent de la base du pis vers l'extrémité avec une pression plus ou moins grande, chacune d'elles embrassant un quartier et lui imprimant un très léger mouvement de torsion.

Selon les circonstances, cette manière d'opérer est modifiée, car ici l'individualité intervient encore :

Une vache qui se trait normalement n'exige, vers la fin de la traite, qu'un faible et court massage de haut en bas avec une légère torsion de la mamelle et légère pression des pouces pendant la course. Ce massge est alterné deux ou trois fois avec une traction sensible sur chaque gobelet trayeur.

Certaines vaches, surtout celles appelées « fortes ou dures », demandent une attention particulière : d'ordinaire elles doivent être massées assez tôt, pendant que la trayeuse soutire encore du lait. Le massage doit être brusque, énergique, avec torsion prononcée et pression des parties encore dures, le tout alterné de tractions sur les gobelets. Si on intervient trop tard, c'est-à-dire quand le lait ne vient plus sous la seule action de la machine, il est parfois difficile d'extraire le lait restant dans le pis, même par un massage énergique. Dans ce cas, il faut enlever l'appareil pour « amorcer » de nouveau la vache en trayant à la main. On replace la trayeuse au moment où le lait revient. Il arrive alors que la vache donne son lait sans nouvelles intervention du massage; d'autres fois, il faut le continuer jusqu'à la fin. Ce phénomène de rétention du lait est très curieux à observer : on constate souvent que la partie inférieure du pis est molle au toucher, flasque, vidée, alors que la partie supérieure reste dure, toute gonflée de lait, vraiment comme si celui-ci restait suspendu dans la mamelle, maintenu par un « voile » qui s'oppose à son écoulement. C'est ce « voile » (je conserve ce terme très expressif que je tiens d'un excellent praticien, fin observateur) qu'il faut rompre par une énergique action manuelle sur les différents quartiers du pis.

Il est des vaches qui sont coutumières de ce fait et on les reconnaît facilement pendant la traite : elles rassemblent les membres postérieurs et voussent légèrement le dos, provoquant ainsi une contraction des muscles abdominaux; elles font un effort visible qui paraît parfaitement volontaire et non réflexe. On arrive parfois à provoquer le brusque départ du lait en pinçant les reins de la bête ou en lui frottant l'échine avec un objet dur de manière à couper court à l'effort. La contraction réflexe ou volontaire du sphincter du trayon ne paraît pas intervenir, car j'ai constaté à plusieurs reprises que l'introduction d'une sonde dans le canal du trayon n'amène aucun écoulement de lait; il est bien plus probable que cette rétention du lait est due à une contraction volontaire des muscles abdominaux amenant un arrêt du travail dans le pis par l'engorgement des vaisseaux sanguins de la mamelle. Quoi qu'il en soit, on arrive facilement, par massage pratiqué au bon moment, à prévenir la rétention du lait et, quand elle s'est produite, un amorçage à la main, précédé ou suivi d'un massage approprié, en aura toujours raison.

Certaines vaches demandent un massage de bas en haut, ou bien saccadé, ou lent mais puissant de haut en bas, ou vice versa. D'autres demandent un massage opposé, c'est-à-dire simultanément sur deux quartiers opposés en diagonale ; quelques-unes un massage puissant de certains quartiers avec traction sur les gobelets en rapport ; d'autres encore, une sorte de malaxage énergique de toute la mamelle ; il en est enfin qui se contentent d'une simple traction générale sur les gobelets. Dans certains cas, le massage demande la combinaison de plusieurs de ces mouvements.

Voilà à peu près toutes les manières de masser ; ce qu'il faut toujours éviter, ce sont les coups, les trop grands efforts et surtout l'action des ongles qui pourraient blesser.

D'après cet exposé, le massage peut paraître compliqué et exiger beaucoup de temps ; il n'en est rien cependant ; l'habitude indiquera bien vite la manière d'opérer suivant les vaches, pour leur soutirer le lait jusqu'à la dernière goutte. Un peu d'esprit d'observation est nécessaire.

4° *Enlèvement des appareils.*

La traite d'une vache étant terminée, on arrête le fonctionnement de l'appareil avant de chercher à vouloir l'enlever.

Cet enlèvement doit se faire doucement, sans brusquerie ; les organes trayeurs doivent se détacher d'eux-mêmes ou sous l'action d'une très faible traction pour vaincre l'adhérence propre au caoutchouc. Le trayeur doit plutôt intervenir pour retenir les organes trayeurs dans leur chute et les empêcher de rouler dans la litière. Si tout l'appareil est suspendu sous la vache par des sangles ou des bretelles, le récipient à lait sera décroché et son contenu transvasé sur le filtre, hors de l'étable. Les attaches seront défaites et posées sur l'animal suivant. Pendant le transport des appareils d'une vache à l'autre, il faut veiller à ne rien laisser traîner sur le sol ni sur la litière, non seulement par mesure d'hygiène, mais aussi parce que le moindre brin de paille ou tout autre corps étranger introduit dans les organes trayeurs peut fausser totalement leur fonctionnement.

5° *Démontage et nettoyage des appareils.*

La traite terminée, les appareils sont transportés dans la salle spéciale où il sera immédiatement procédé à leur lavage. Les constructeurs fournissent des indications précises à ce sujet et il importe de les suivre scrupuleusement. Le mode opératoire varie avec les différents systèmes, mais les règles fondamentales restent les mêmes.

Ordinairement on se contente, pour la traite du matin et celle de midi, d'un simple rinçage à l'eau tiède (pas trop chaude) additionnée d'un peu de sel de soude pour dégraisser. On fait suivre un rinçage à l'eau potable froide. Les appareils sont ensuite disposés sur leurs supports où ils s'égouttent. Une fois par jour, et de préférence après la traite du soir, il faut procéder au nettoyage complet des appareils démontés. On fera usage des brosses spéciales qui accompagnent les machines. Toutes les parties touchées par le lait sont plongées dans un bassin d'eau sodée tiède et soigneusement nettoyées à la brosse ; on les rincera ensuite dans l'eau potable froide. On peut alors essuyer, à condition d'employer des linges propres.

Si pour une cause quelconque, on se trouve dans la nécessité de devoir retarder le rinçage ou le lavage, il ne faut jamais négliger de plonger, dans un bassin d'eau froide, les organes touchés par le lait, et les y laisser jusqu'au moment du nettoyage. Ce trempage empêche le lait de sécher sur les appareils et prévient ainsi leur encrassement. Sous aucun prétexte, il ne faut se dispenser du nettoyage après chaque traite.

Afin de protéger les appareils contre les poussières, les mouches, etc., ils doivent être placés dans une armoire uniquement réservée à cet usage et pourvue de supports pour l'égouttage. Il serait bon de mettre dans ce meuble une soucoupe avec un peu de formaline pour maintenir les appareils dans une atmosphère antiseptique. Dans ce cas, et surtout si le lait est destiné à l'alimentation, il est à recommander de rincer les appareils à l'eau claire, avant la traite.

Ainsi que je l'ai dit plus haut, la propreté des machines à traire est un point d'une importance primordiale, duquel dépend directement le succès de la traite mécanique. Au propriétaire à y veiller s'il veut éviter les déboires.

Conclusions.

Parmi les machines à traire actuelles, plusieurs peuvent être considérées comme étant bonnes et capables de donner toute satisfaction au fermier soigneux, bien décidé à suivre les règles indiquées ci-dessus, à rompre avec les anciennes coutumes et à ne plus considérer la traite comme une opération quelconque que l'on confie au premier venu qui veut bien consentir à s'en occuper ; il devra pouvoir se départir de cet esprit de routine qui fait que la généralité des étables sont des locaux infects, mal éclairés, mal aérés, où le bétail se trouve dans des conditions d'hygiène défectueuses. Il convient, au contraire, de soigner locaux et bêtes le mieux possible.

La plupart des machines à traire exigent un moteur ; celui-ci, de même que les appareils trayeurs, ne devrait jamais être mis dans les mains d'un vacher ordinaire ou d'un valet peu ou pas habitué aux besognes plus ou moins délicates. Il faut pouvoir disposer d'une personne intelligente, soigneuse, propre, possédant une bonne instruction, ayant si possible quelques connaissances en matière de mécanique. Dans ces conditions, elle sera rapidement familiarisée avec la conduite du moteur et le maniement des appareils ; elle comprendra que la propreté méticuleuse est la base de tout et n'accueillera pas les conseils dans ce sens avec le petit sourire dédaigneux que l'on voit si souvent aux lèvres des routiniers invétérés. On m'objectera qu'un pareil serviteur exigera un salaire élevé. D'accord, mais il ne faut pas oublier que pour être bien servi il faut bien payer et qu'à lui seul le trayeur fournira autant de besogne que trois ou quatre valets ordinaires. Ce serviteur, promu au grade de mécanicien-trayeur, s'occupera tout d'abord de l'entretien des machines et de la traite mécanique ; il soignera le matériel de la laiterie. Le moteur ne servira pas uniquement aux machines à traire : il actionnera l'écrémeuse, la baratte, le hâche-paille, le coupe-racines, les concasseurs, moulins, etc., sous la conduite du mécanicien. Toutes ces opérations, exécutées mécaniquement, économiseront du temps et réduiront le personnel. Le fermier intelligent entreprendra des travaux de mouture et de concassage pour les voisins; il y trouvera une importante source de recettes qui aideront à rétribuer convenablement le mécanicien-trayeur.

Si le fermier se sent à même de pouvoir réunir ces conditions, qu'il adopte alors la traite mécanique sans tergiverser: le succès est assuré. Tous les mécomptes qui se sont produits sont attribuables uniquement à ce que les appareils n'étaient pas mis dans de bonnes mains. Je connais en Belgique le cas d'un système de trayeuse qui donne d'excellents résultats dans certaines exploitations, alors que dans d'autres il a fallu l'abandonner après quelques semaines d'usage. Ce serait une erreur d'attribuer l'insuccès à la machine elle-même; si elle fonctionne bien dans certains cas elle peut le faire dans tous, et si elle ne le fait pas, c'est uniquement parce qu'elle est mal conduite, mal soignée. Quand un praticien a des déboires avec une trayeuse, il en aura avec toutes les autres; j'ai déjà constaté le fait, et au lieu d'essayer un autre système, il serait bien plus intelligent de s'appliquer à tirer meilleur parti de celui qu'on possède : qu'on cherche le remède dans une propreté méticuleuse et un travail mieux dirigé. Si ce n'est pas possible. qu'on abandonne totalement la traite mécanique, car, il faut bien le dire, elle n'est pas en place partout.

Tous les praticiens sont unanimes à se plaindre de la pénurie de bons trayeurs; tous songent plus ou moins ouvertement à employer la machine, mais bien rares sont ceux qui sont disposés à se plier aux exigences d'une pratique nouvelle et à envisager la traite sous un autre jour que celui établi par une routine séculaire. C'est pourtant la condition « sine qua non » à laquelle s'attache le succès.

Comment doit-on comprendre la formation
d'un mécanicien-conducteur de machines agricoles

par **M. Alex. LONAY,**

Directeur-fondateur de l'Ecole provinciale de Mécanique agricole
du Hainaut, à Mons.
Inspecteur provincial de l'Enseignement agricole.

———

Pour se rendre compte du rôle que les mécaniciens conducteurs sont appelés à jouer dans le personnel des fermes, il y a lieu de considérer que l'agriculture, consistant à produire des matières alimentaires végétales et animales et certaines matières premières transformées par des industries connexes, est devenue elle-même une industrie ayant ses procédés, sa technologie et son économie propres.

Son outillage est très complexe et de nature diverse. Il comprend le sol arable, son grand germoir qui doit être préparé une ou plusieurs fois par an pour recevoir les matières premières d'où sortiront les récoltes : les engrais, les semences, l'eau du ciel, complétés par l'intervention de certains éléments de l'air : l'oxygène et l'acide carbonique en ordre principal, et l'action des rayons solaires lumineux, calorifiques et chimiques.

Il comprend aussi les appareils à fabriquer la viande, c'est-à-dire le bétail, dans l'organisme duquel s'accumulent les fibres musculaires et la matière grasse que débiteront les bouchers, et qui représentent la transformation des matières premières qui s'appellent fourrages.

Il comprend aussi d'autres appareils : les vaches qui transforment ces mêmes matières en lait, d'où l'on tire le beurre et le fromage; les moutons, machines à laine et à viande; les poules, mécanismes vivants de la production des œufs, etc

La préparation du sol, le transport et l'épandage des engrais et des semences, les soins d'entretien à donner aux emblavures, la coupe ou l'arrachage et l'enlèvement des produits, la transformation de certains d'entre eux en produits vendables, par le battage, le triage, la dessication, l'écrémage, le barratage, etc., la conservation d'autres produits destinés à alimenter la production animale, le transport des récoltes et des matériaux utilisés dans l'exploitation agricole exigent tout un arsenal de machines et de véhicules, et le développement d'une force mécanique considérable. Celle-ci est fournie par les moteurs animés : hommes et bêtes de somme, que l'on tend à remplacer de plus en plus par des moteurs inanimés, dont le travail est plus économique : locomobiles pour le battage; moteurs fixes, à essence ou électriques, pour l'intérieur des fermes; moteurs divers appelés à actionner le matériel automobile de culture actuellement en voie de création.

L'industrie agricole puise ses fondements dans les sciences : physique, chimie, géologie, physiologie végétale, physiologie animale, mécanique, économie politique, etc. Ses branches d'application s'appellent l'agrologie, l'agrotechnie ou culture, la zootechnie, la mécanique spéciale, le génie rural, l'économie rurale, complétés par la comptabilité agricole, la comptabilité commerciale et le droit rural.

Si l'on considère le rôle de l'homme dans la production agricole, on se trouve également devant une grande complexité d'attributions; un bon agriculteur doit beaucoup savoir, et le personnel qu'occupe une entreprise agricole n'est point, comme on se plaît trop à le croire, composé en grande partie de simples manœuvres, ou du moins, ne devrait-il pas en être ainsi. Conduire les chevaux et les instruments aratoires, les faucheuses, les moissonneuses, etc. ne s'apprend pas en un jour; les soins et le bon entretien des bêtes de somme, du bétail de rente, des animaux de basse-cour, des veaux et des poulains, exige également des connaissances spéciales; il en est de même du traitement des produits, de la préparation du beurre, du fromage, etc.

Dès que l'agriculture a voulu progresser en tirant profit

des découvertes scientifiques, elle a senti la nécessité de s'appuyer sur un enseignement spécial, branche nouvelle de l'enseignement technique général auquel l'industrie doit sa merveilleuse évolution et tous ses progrès.

Au surplus, nous croyons avoir démontré ailleurs (1) qu'il importait au bien-être social, d'une façon générale, de diriger l'évolution de l'agriculture, non vers le morcellement des cultures que l'on constate aujourd'hui chez nous, morcellement contraire au progrès technique et économique et contraire aux intérêts des travailleurs agricoles, mais vers la concentration des exploitations en grandes fermes utilisant les moyens mis en œuvre par la grande industrie moderne : le savoir technique et économique, le capital et les machines.

Le machinisme est donc appelé à jouer un rôle chaque jour plus grand en agriculture, et dès lors elle ne peut plus se dispenser des services d'hommes préparés à la conduite et à l'entretien du matériel perfectionné.

Poursuivant la fondation d'un enseignement professionnel destiné à la formation de ces nouveaux agents de la culture, nous nous exprimions comme suit, dans un rapport qui date du 4 septembre 1901 :

« Depuis que la difficulté de se procurer des bras a amené les fermiers à augmenter l'arsenal de leurs machines, les plaintes se font chaque jour plus vives contre l'absence d'hommes capables d'entretenir convenablement et de conduire les instruments perfectionnés. Leurs doléances à cet égard, plus nombreuses que jamais cet été, m'ont suggéré l'idée d'étudier l'organisation d'un enseignement spécial, théorique et pratique, destiné à former de bons mécaniciens-conducteurs de machines agricoles. L'idée soumise à un certain nombre de fermiers intelligents, a reçu leur assentiment unanime. Tous m'ont engagé fortement à poursuivre la réalisation de ce projet. »

Dans un second rapport, datant du 2 octobre suivant, nous

---

(1) Alex. Lonay. *L'Avenir de l'industrie des champs*. Annales de Gembloux, mai 1906. — Voir aussi : Rapport de la 11e Commission du Conseil de perfectionnement sur l'Enseignement agricole à créer par la Province dans le Hainaut; février 1908. Rapporteur **M. Ax. Lonay.**

déterminions le but poursuivi et les avantages à résulter de l'institution nouvelle et originale projetée, dans les termes suivants :

« L'ouverture de pareille école se justifie par les considérations suivantes :

1° L'essor considérable que prennent les applications de la mécanique à l'agriculture;

2° La nécessité pour la culture de remplacer par des machines une main-d'œuvre de plus en plus rare;

3° Le manque d'hommes à même de conduire et d'entretenir convenablement le matériel mécanique;

4° L'importance pour les cultivateurs, de connaître les différents systèmes de machines, leurs avantages et leurs inconvénients;

5° Le meilleur choix et le meilleur usage des machines rendra leur emploi plus avantageux; le travail sera mieux fait;

6° Il y aura moins d'accidents de personnes et les bris de matériel seront plus rares;

7° Maintes réparations pourront se faire sur place, d'où profit de temps et d'argent;

8° Chaque ferme possédant un homme connaissant les machines, sachant les manier et les entretenir, il sera possible de donner rapidement plus d'extension aux instruments mécaniques;

9° Les syndicats pour l'emploi en commun des instruments agricoles pourront confier la garde et la conduite de ceux-ci à des hommes compétents;

10° Les entreprises de travaux agricoles, au moyen de machines perfectionnées, pourront se multiplier, au grand profit de la culture;

11° La construction du matériel agricole se perfectionnera et prendra une nouvelle extension;

12° En résumé, l'agriculture tirera de la création d'un enseignement pratique de la mécanique des avantages considérables et dont se rendent d'ailleurs bien compte les fermiers auxquels la proposition a été soumise et qui tous y applaudissent. »

Mais il ne suffit pas que la nécessité de préparer des mécaniciens-conducteurs agricoles soit bien admise, encore importe-t-il de réaliser les conditions matérielles nécessaires à cette formation.

Ces conditions se trouvent entièrement réunies, croyons-nous, dans notre école provinciale de Mons.

La belle salle où se donnent les leçons est établie de manière à pouvoir amener les machines devant les élèves. Les bancs sont en amphitéâtre et devant eux s'ouvre, à l'aide d'un volet mécanique, le stand de l'auditoire. Ce stand, aussi large que la salle, est isolé, par une cloison en bois, vitrée par le dessus, des halls aux machines voisins, avec lesquels il communique par une porte cochère à deux battants.

A noter aussi les grandes salles de dessin, des collections, des catalogues, la bibliothèque, les bureaux de la direction, etc., le tout parfaitement compris et aménagé.

Mais ce qui frappe surtout l'attention, c'est l'ampleur donnée aux vastes halls, couverts de toitures Raikém, et qui contiennent : une exposition permanente internationale destinée à réunir tous les types de machines agricoles perfectionnées (¹); les ateliers dans lesquels les élèves travaillent sur des machines usagées, envoyées chaque année à l'école par les fermiers, et ce, pour apprendre à les réparer et à les tenir en ordre; le garage pour les instruments destinés aux ateliers; les forges, le magasin aux approvisionnements, le lavoir des élèves, le bureau du chef d'atelier-instructeur, etc.

Les locaux scolaires, les halls et l'habitation du chef d'atelier-instructeur forment un ensemble de constructions magnifiques dans leur simplicité, leur bon goût et leur adaptation parfaite à leur destination.

Mais des locaux spécialement construits et parfaitement appropriés ne suffisent pas à la formation de mécaniciens-conducteurs. Il est indispensable encore que l'établissement possède un matériel d'intuition et d'application aussi complet que possible, comme c'est le cas à Mons : Matériel pour l'enseignement de la physique, de la mécanique générale, de

---

(1) L'Exposition est ouverte tous les vendredis de 9 à 4 heures.

l'électricité, des matériaux, des machines agricoles et machines motrices, etc.; matériel d'atelier.

Les halls de l'école, remisant les machines mises à la disposition de celle-ci par les constructeurs et les importateurs, sont devenus, nous l'avons dit, une exposition permanente et internationale de mécanique agricole, que le public est admis à visiter le vendredi; il y trouve une collection des machines les plus perfectionnées : semoirs, distributeurs d'engrais, faucheuses, faneuses, moissonneuses, batteuses, moulins, écrémeuses, locomobiles, moteurs à essence, etc. etc.

Ce matériel sert évidemment aussi à l'enseignement. Les constructeurs et agents de vente se rendent de mieux en mieux compte de l'avantage qu'il y a pour eux à pouvoir le faire connaître de la sorte, d'autant plus que l'établissement se prête à leur réclame par l'affichage de leurs pancartes dans les halls, et la distribution des catalogues aux visiteurs.

Pour l'enseignement pratique des élèves : démontage, nettoyage, réparations, remontage, les ateliers de l'Ecole possèdent d'abord un certain nombre de vieilles machines reçues en don des fermiers, sur lesquelles se font les premiers exercices. Tous les ans s'ajoutent quelques spécimens à cette collection d'incurables.

Dès que les élèves sont un peu familiarisés avec le travail de mécanicien, ils passent sur les machines envoyées en réparation par les cultivateurs.

Les réparations se faisant sans frais de main-d'œuvre, et, naturellement, selon toutes les règles de l'art, sous la direction et le contrôle d'un chef d'atelier-instructeur rompu au métier, il s'ensuit que chaque année un plus grand nombre de fermiers cherchent à profiter de cet avantage. Ceci a pour effet de permettre de mieux choisir les assortiments variés de machines usagées dont on a besoin, car les ateliers n'en admettent pas au delà.

Cette collaboration des fermiers à l'enseignement pratique de l'Ecole se complète encore d'autre façon. En effet, la Direction n'a qu'à se louer de l'amabilité avec laquelle, en général, les agriculteurs du Hainaut se prêtent à recevoir chez eux en bonne saison, les groupes d'élèves, convoqués pour s'exercer à la conduite des machines agricoles sous les ordres du chef d'atelier-instructeur. Dans tous les districts de la province, ces applications sont rendues réalisables, grâce aux excellents rapports qui existent entre les praticiens et le personnel de l'Ecole.

En fondant l'Ecole de Mons, nous avons tenté, tant dans l'établissement du programme que dans la réalisation de l'enseignement qu'il comporte, de répondre le mieux possible à cette question : « Qu'ont besoin de savoir, de la tête, des mains, ... des pieds, les cultivateurs de la région, pour pouvoir choisir, acheter, régler, conduire, entretenir et réparer les machines, et suivre les progrès de la mécanique agricole? »

Le personnel enseignant s'applique constamment à adapter de mieux en mieux le programme à ces fins. Il y a lieu de signaler le développement des leçons consacrées à l'électricité dans ses applications comme force et éclairage dans les fermes, ceci en corrélation avec l'extension des centrales électriques dans le Hainaut; une mention spéciale est due aussi à l'initiation des élèves aux principes de l'automobilisme agricole, dont les progrès semblent devoir aboutir bientôt à la phase de réalisation pratique, sous l'impulsion de la Fédération internationale de motoculture de Paris, que nous avons l'honneur de présider.

Au surplus, l'enseignement, qui est surtout pratique et a pour base la manipulation même des machines et des outils, comprend :

L'agronomie et la *science laitière* dans leurs rapports avec l'emploi des machines;

La physique et la *mécanique générale;* notions nécessaires à l'étude du fonctionnement des machines;

L'électricité dans ses applications comme force et éclairage dans les fermes;

Les matériaux utilisés dans la construction des machines ou usités dans leur entretien et leur conduite : Métaux, notions concernant le forgeage, la soudure, la trempe; bois, couleurs et enduits, combustibles, matériaux divers.

Les lubrifiants et *le graissage* de la machinerie.

Les machines agricoles : Instruments à travailler le sol,

distributeurs d'engrais, semoirs, pulvérisateurs, faucheuses, faneuses, rateaux, chargeurs de foin, presses à foin, moissonneuses, arracheuses, machines à battre, trieurs, machines à diviser les aliments, autres appareils d'intérieur, pompes, matériel de transports agricoles, instruments de pesage, etc.

Les machines de laiterie : Appareils à traire, à mesurer, à transporter, à refroidir, à réchauffer le lait; écrémeuses, barattes, malaxeurs, etc., machines à glace, etc.;

Les installations mécaniques dans les fermes : Calcul des vitesses des transmissions et des résistances des courroies; paliers à utiliser; diamètres des arbres de transmission; disposition logique des divers appareils d'intérieur de ferme;

Les machines motrices et automobiles utilisables en agriculture: Machines à vapeur, locomobiles, moteurs à gaz, à gaz pauvre, à essence, à pétrole; tracteurs et appareils de la motoculture;

La législation intéressant l'emploi des machines : Organisation des syndicats d'outillage; règlements divers; brevets d'invention;

Le dessin : Exécution de croquis côtés et de figures schématiques;

L'outillage de la forge : Atelier du mécanicien-conducteur de machines agricoles;

La pratique de la forge et de *l'atelier :* Préparation et entretien du fer; choix du métal et de son calibre; trancher à froid; forger; trancher et percer à chaud; souder; tremper les outils; les aiguiser; buriner, limer, forer, fileter et tarauder; souder au plomb, à l'étain, à la brasure; faire les joints et les bourrages; roder les robinets et soupapes; charger les coussinets de métal blanc; applications des couleurs et enduits;

Démontage, nettoyage, réparation, transformation et remontage des machines agricoles, laitières et motrices;

La pratique de la conduite des machines : Disposer les machines pour le transport, pour la marche; les régler, les graisser, les conduire; placement des machines fixes; dispositions à prendre aux arrêts ou quand le travail est terminé.

Quant à l'horaire des cours, la durée des études et de l'apprentissage, il a fallu les approprier autant que possible aux convenances des élèves.

Il est à remarquer que ceux-ci sont nécessairement des adultes, de 16 ans et plus, les jeunes gens devant avoir la force physique voulue pour manipuler les machines. Or, ces élèves sont la plupart déjà occupés dans la culture et ne disposent que d'un temps restreint pour leur initiation aux machines.

A Mons les cours se donnent pendant les mois de décembre, janvier et février, les mardis, jeudis et samedis, de 9 heures à midi et quart.

La pratique de la forge et de l'atelier se font les mêmes jours de 13 heures 15 à 16 heures 15.

Après la période précédente, les élèves sont convoqués par groupes, dans des fermes à proximité de chez eux, à l'époque des divers travaux, pour s'exercer, sous la direction du chef d'atelier-instructeur, à la conduite des machines de culture et de récolte, qui ne peuvent fonctionner qu'en bonne saison.

Ces exercices se terminent fin septembre.

Nous pensons que dans l'état actuel des choses, l'Ecole de Mons répond parfaitement à son but. Les élèves qui en sortent possèdent des connaissances solides, qu'ils ont eu l'occasion à maintes reprises de faire valoir brillamment dans des concours pour mécaniciens de ferme ouverts à Bruxelles, Paris, Melun, etc.

Ils sont recherchés par les agriculteurs, ainsi que par les constructeurs et importateurs de machines qui en font volontiers leurs agents ou leurs monteurs.

Notre Ministre des Colonies s'est adressé à l'Ecole de Mons pour avoir des mécaniciens-conducteurs pour son matériel mécanique de labourage. Le Gouvernement du Grand-Duché de Luxembourg nous envoie des élèves mécaniciens destinés à devenir les conducteurs des machines appartenant aux syndicats agricoles d'outillage. Les professeurs de mécanique agricole des écoles supérieures d'agriculture de Pineiro (Brésil), Constantinople et Salonique, sont des ingénieurs agronomes qui, avant d'être nommés, ont fréquenté l'Ecole de Mons et y ont obtenu leur diplôme de mécanicien-conducteur; plusieurs écoles d'agriculture de France et d'Italie nous envoient de leurs élèves ayant terminé leurs études, pour qu'ils s'initient pratiquement à la machinerie.

Ce que nous avons réalisé nous paraît donc parfaitement répondre à la question posée :

Comment doit-on comprendre la formation d'un mécanicien-conducteur de machines agricoles?

Mons, 17 décembre, 1912,

BIBLIOTHEQUE NATIONALE DE FRANCE
3 7531 00840609 3

www.ingramcontent.com/pod-product-compliance
Ingram Content Group UK Ltd.
Pitfield, Milton Keynes, MK11 3LW, UK
UKHW021525090726
13657UKWH00001B/424